室内环境设计透视技法与手绘表现

（第三版）

孙佳成 编著

中国建筑工业出版社

图书在版编目（CIP）数据

室内环境设计透视技法与手绘表现／孙佳成编著.
3版. —北京：中国建筑工业出版社，2018.1
ISBN 978-7-112-21598-0

Ⅰ. ①室… Ⅱ.①孙… Ⅲ.①室内装饰设计—环境
设计—绘画技法 Ⅳ.①TU204

中国版本图书馆CIP数据核字（2017）第298463号

责任编辑：费海玲　焦　阳
责任校对：王　烨

室内环境设计透视技法与手绘表现
（第三版）
孙佳成　编著
*
中国建筑工业出版社出版、发行（北京海淀三里河路9号）
各地新华书店、建筑书店经销
北京锋尚制版有限公司制版
北京中科印刷有限公司印刷
*
开本：850×1168毫米　1/16　印张：7½　字数：141千字
2018年1月第三版　2018年1月第八次印刷
定价：**45.00**元
ISBN 978-7-112-21598-0
（31221）

前言 Preface

环境、建筑、空间艺术设计对提高人们的生活品质起着引领和导向性的作用，是现代人们对生活的追求和需要，更是从事此专业的人员所追求的事业。

室内外环境艺术设计是一个具有专业性的职业，是当代社会从业人员较多的专业之一，也是最具发展潜力的专业之一，它为改善现代人们的室内活动空间和室内外环境作出了巨大的贡献。室内设计不仅仅能满足人们对空间的使用需求，还上升到人们对空间最高的精神要求，是一种创造性的活动和过程，所以室内设计的发展也就显得日新月异，需要设计师们总是能够引领室内设计的最前沿，掌握室内设计的最新信息，把握室内设计的发展脉搏；因此就需要永不停止地学习和充实自己，创造出更好的作品来。

作为一个设计师，表现一个设计创作是必须要做的工作，徒手表现设计作品和记录创意灵感更是无可代替的最佳方法，也是一个设计师必须具备的能力。因此本人在2005年出版了个人首部作品集《空间创意徒手表现》一书，旨在给读者一些借鉴和参考；2006年出版《室内环境设计与手绘表现技法》，2010年出版《高档居家室内设计系列丛书》与《酒店设计与策划》，2013年出版《室内环境设计透视技法与手绘表现》。

此次，在《室内环境设计透视技法与手绘表现》的基础上修订再版，重点讲解阐述了“透视理论基础”。内容适合于室内设计专业的大中专学生和具有一定美术基础的从业人员。本书以学习室内设计的先后次序为主线，以图文并茂的形式详细地阐述了室内设计概论、室内设计的原则，内容和室内设计的方法、过程，透视制图的原理、方法、过程，徒手绘制表现图的技法和过程等，使读者循序渐进地了解室内设计理论、设计目的，设计的原则、方法和过程以及最终设计成果的透视制图技法和徒手表现的方法和过程；书中特别着重讲解了透视制图法，详细地讲解了一点透视、两点透视、三点透视以及作图过程实例，同时也着重讲解了绘图的步骤和过程、着色的步骤和过程。

目前市场上同类图书中多单一、单项，多属于欣赏类的徒手表现图书，缺乏系统性、连贯性的教学式内容。因此本书旨在区别此类图书，有针对性地强调学习性、过程性、循序渐进的整体性和系统性，可使读者了解和掌握从室内设计方案开始到最终完成设计成果和表现的全过程。如果把市场上的某些单一性内容的图书说成是欣赏类图书，那么本书可视为“学习性的辅助类教材图书”。

本书的出版查阅和参考了大量的相关资料，得到了业界相关人士的大力支持，本人也在此表示感谢。希望本书能给读者带来帮助与支持，书中内容若有错误和不足之处还望指正。

孙佳成

目录 Contents

1 第一章 室内设计的概念

2 第二章 室内设计与空间

3 第三章 室内色彩设计

第一章　室内设计的概念

第一节　室内设计的发展与概论

设计行为是伴随着人类的出现而产生的，人类有意识地为生活和生存所做的一切创造性活动，如创造工具、建造房屋等，即由意识支配行动且产生的形象按计划得以实现时，都可称作设计。但是，有意识地使用这个词应该是在20世纪初，即在所谓现代设计产生之后。但室内设计作为独立的专门学科，是在20世纪中期以后，在此之前的室内设计概念，一直是依附于建筑学科内的界面装饰。经过现代主义建筑运动后，室内设计从单纯的界面装饰走向室内空间的设计，从而产生了室内设计专业并在设计理念上也发生了很大的变化。

设计是随着人类的发展而产生也是随着人类的需求而发展的，人类的需求是从先解决最基本的衣、食而后解决住、行的需求过程而发展的，因此室内设计是在人类取得了生活保障和物质基础后，经济发展到一定程度时出现的。简要地说，室内环境艺术设计是为满足人们生产、生活的物质要求和精神要求所进行的建筑内部空间环境的设计和创造。具体概括可包含以下内容。

一、规划合理的内部空间关系

依据建筑的类型、性质和使用功能科学地组织室内空间，做到合理布局、动线流畅、层次清晰、明确，利于生产，方便生活。

二、营造舒适的内部空间环境

满足人们生理上对室内环境的需求，如其舒适性、环境保护、适宜的室内温度、通风、采光、绿化等，使人心旷神怡。

三、创造惬意的内部空间情趣

满足人们精神上的需求，通过空间造型处理、材质的应用、色彩的搭配营造出极具品位和个性的情趣空间，来满足人们在精神上的追求，使人在工作、生活、休息时得到心情上的愉悦。

第二节　室内设计的原则及其相互关系

一、室内设计的原则

室内设计的原则亦是在设计时所应遵循的设计依据、设计目的以及其先后的关系。人们在创造一个产品或做一件事情时，一定是先考虑为什么要做这件事情和开发这个产品（是为了达到某种目的），然后是考虑怎样完成这个产品和做好这件事情（用什么方式和手段），再其次是考虑为达到这种目的所采用的技术保障（为达到目的而为使用的方式提供技术支持），这个过程涵盖了设计学中所涉及的功能、形式和技术。

功能——满足人们的使用需求，也就是满足人们生理上的需求，体现它的实用价值，在室内设计中也就是做到空间布局合理、功能划分科学、使用舒适、方便、安全等一切符合人机工程学和科学的要求。

形式——满足人们的审美需求，也就是满足人们心理上和精神上的需求，在室内设计中也就是追求视觉美感，创造环境惬意符合审美感官的空间形式。

技术——满足功能和形式提供的技术保障，在室内设计中如果没有施工技术、材料、设备、工具等的技术支持，其功能和形式就无法体现，一个设计就难以达到它原有的目的。

功能——形式——技术
形式——技术——功能
技术——形式——功能
形式——功能——技术

二、设计原则之间的相互关系

在室内设计时应围绕以上三个方面加以考虑并遵循三者之间的关系。三者之间的关系是辩证统一的，紧密相关相互影响的，其中功能第一，形式服从于功能，技术为两者的实现提供可行性，而技术的发展又影响功能和形式使其发展和改变。因此在原则上是先功能后形式再技术，但并不一定要绝对遵循某一定式的思维过程，在实际设计过程中也可运用倒置和不同的方式来思考。

右边图示的程序与方式各有长处和短处，各有自己的侧重点，在设计当中不管运用何种方法只要能同时满足功能、形式、技术、经济这四个方面的要求，就不失为一个好的设计。

第三节　室内设计的过程和内容

一、了解和掌握客户的使用需求

室内设计首先是从了解客户的使用需求或分析研究招标文件开始，充分掌握客户的相关信息和理解标书内容。这些内容和信息要以书面的形式形成文件，是设计工作的唯一依据，满足以上内容和需求是我们设计工作的任务和目的。

二、现场勘察

在掌握客户详细的需求后，最好还要到建筑工地现场进行实地勘察核实，因为身临其中的空间感受是招标文件和口头叙述无法代替的，现场勘察会帮助你确定空间尺度感，同时查看现场是否与文件相符，及时发现问题点并做文字和拍照记录。招标文件的内容和需求是一切设计工作的依据。如果这些信息不准确，就会造成设计工作上走弯路，就像一个人走路，如果目的地不明确，是无法走到目的地的。现场勘测过程主要包括以下几项内容：空间尺度、层高、窗高、门高、柱径、设施、设备的具体状况以及周边环境等。

三、创意构思（方案设计）阶段

在确认设计依据和目的后，真正的设计才算开始了，这个阶段也可以说是设计的灵魂阶段，是为整个设计确定方向、确定风格、确定整体思路的阶段，需要搜集相关的资料并在总体分析中激发出灵感，从整体到局部进行综合考虑，对空间进行合理的布局与划分，做到动线清晰流畅、功能完整、色彩搭配和谐、材质选用恰当等。在创意构思过程中要运用“先放后收”的思路，即思路要开阔、想象力要丰富，最后在众多的方案中精选出最理想的方案，此阶段涵盖了空间划分、家具布置功能方面的内容。

四、具体设计阶段

在平面方案确定后，接下来就是在主题思路下逐步具体地完善和细化各个设计面，并解决结构、材料、设施设备、机电、水暖、空调等的协调关系。

1. 顶棚（顶面）设计

顶棚设计在室内设计中占有举足轻重的地位，是造型处理和虚拟空间划分首要考虑的空间界面，它和灯光设计紧密联系在一起不可分割，对空间的营造具有决定性的作用。同时顶棚与消防、通风、空调、机电等的关系密切，也应协调考虑。

2. 电气设计

电气设计主要内容是指照明设计，如照明方式、室内照度、功率的计算、回路设计、材料的选型、开关插座的位置以及线路和控制系统等。电气设计是室内设计中最具专业性和不容忽视的内容，也是最具安全隐患的因素，因此在电气设计中安全问题应首要考虑。

灯光运用的好坏对一个空间的视觉效果和眼睛的生理疲劳度起着决定性的作用，因此在设计时应重点考虑。以上内容由专业的电气工程师配合室内设计师的整体设计要求来完成。

3. 地面设计

在进行地面设计时，可先按整体设计要求确定地面的材质、颜色、质地和工艺要求，然后再局部细化设计。

4. 立面设计

所谓立面设计及室内空间四个方向上的立面设计，是空间处理的主要界面之一，多数造型、装饰、设计均在此面完成。

五、施工图设计阶段

施工图是室内设计付诸实施的技术语言，是将方案设计和具体设计的成果落实成具有标明材质、尺寸、做法、工艺等内容的可执行性的施工标准，是施工人员执行的唯一技术指导性资料，也是工程完成后的验收执行标准，因此施工图的绘制一定要具有科学性、合理性、准确性，同时需要符合相关行业标准及相关法律法规的规定。由此可见施工图在整个室内设计过程中的重要性。

施工图应根据已确定的具体设计方案进行绘制，内容以图纸为主。其图纸内容和编排顺序主要为：封面、工程简介、执行依据和标准规范、设计说明和施工说明、材料表和材料样板、图纸目录、图纸以及工程预算等。

施工设计图纸部分主要包括如下内容：

1. 平面图

平面图是室内设计施工图中最基本、最主要的图纸，其他图纸均以其为基础，同时也是其他相关专业分项设计的基础图纸和设计依据，如：结构、水电、消防、空调等相关配套专业等。

（1）标明建筑的平面结构尺寸和关系，标明建筑的轴线和编号。

（2）标明功能区域的名称或编号。

（3）标明装修构造的形式、尺寸和位置关系，材质的标注和说明。

（4）标注立面图、剖面图、详图等索引图位置关系和索引视图编号。

（5）标明门窗位置关系和开启方式。

（6）标明平面材质和尺寸、标高尺寸等。

2. 顶棚平面图

（1）标注顶棚（或吊顶）材质、尺寸、标高、工艺做法等说明。

（2）标注灯具名称、规格、尺寸和位置。

（3）标注空调、消防、设施设备等位置、形式和尺寸。

（4）标明剖面图、详图等索引图位置关系和索引视图编号。

3. 立面图

（1）标明立面形体关系和尺寸，标注材质和做法。

（2）标明设施设备、家具、灯具等位置和规格尺寸。

（3）标明剖面图、详图等索引图位置关系和索引视图编号。

4. 剖面图：是对物体进行剖切后反映内部结构关系的剖切面。

5. 详　图：是指用放大的比例反映出局部细节的详细图样，并标注详细尺寸和说明。

6. 节点图：是用放大的比例反映内部结构联结关系的详图。

7. 大样图：是用1∶1或尽量大的比例反映结构剖面的真实尺寸。

第二章　室内设计与空间

第一节　室内空间的类型

室内设计的实质就是对空间的设计，是基于人们丰富多彩的物质和精神需求而展开的空间规划，对空间进行必要的重组和再创造，室内空间的类型多种多样，这里将介绍如下最常见的几种空间类型。

一、从空间的用途和使用性质来划分

1. 公共空间

公共空间是指社会性的人流集中的空间环境，如公共建筑中的中庭、休息厅、观众厅、餐厅等，居住建筑中的客厅等，这类空间通常要求宽敞、明亮并可多种功能兼用。

2. 私密空间

所谓私密空间是为少数人或个人使用的空间，其空间性格是内向型的，具有很强的领域感和私密性，如卧室、卫生间、书房等，这类空间要求安静、隐蔽、舒适。

3. 服务空间

服务空间是指为人们日常生活提供服务的空间，如商场、银行、医院等。这类空间具有很强的针对性，也是最具专业性的空间。

二、从空间的分隔类型上来划分

1. 结构空间

结构空间体现了一种现代科学技术和工业生产美感，通过结构的外露，使人们领略到机械工业过程中的科技感、现代感和力量感，是一种真实的体现，具有震撼的魅力。

2. 开敞空间

开敞空间追求与周围环境的交流融合，其空间性格属于外向型、接纳性的，空间私密性小，讲究空间的相互交融。

3. 封闭空间

封闭空间也可称私密空间，无论是视觉、听觉、室温等通过墙体、隔断与外界隔绝的空间，其空间性格是内向、拒绝的，有极强的领域感、安全感。

4. 动态空间

动态空间是相对于静态空间的，是一种营造真实动态和心理动态的空间形式，通过真实的动态设备和技术如电梯、旋转地面、霓虹灯光管线、活动雕塑、信息展示等形式丰富的动态，利用对比强烈的图案和动感十足的线条、造型、光影和生动的背景音乐等手段创造出真实和心理动态效果，使空间充满动感。

5. 静态空间

静态空间是一种安静、稳定的空间形式，空间的限定度较强，趋于封闭、私密，空间布置多对称、平衡，具有较强的向心力，空间陈设比例、尺度较为协调，色调统一和谐，光线柔和等。

6. 悬浮空间

悬浮空间是指在空间垂直方向上挑出或悬吊出的空间形式，可以增强空间的层次，增添趣味，如挑空走廊、楼梯等。

7. 流动空间

流动空间是在视觉上和心理上被引导的空间形式，具有导向性，追求连续和运动感，借助流畅的富有动态的有导向性的装饰元素使人有前进和流动的感受。

8. 虚拟空间

虚拟空间是一种没有实质分隔，只在启发人们心理分隔的空间形式，通过局部的材质、绿化、颜色、照明以及家具陈设等营造心理上的一种想象空间，也称为心理空间，它具有一定的领域感又不脱离大空间，在室内设计中是一种较常用的手法。

9. 共享空间

共享空间属于公共空间的一种，多处于大型建筑空间内，如酒店，是整个空间的公共活动中心，具备完整的功能设施，是一种综合性的多用途空间。

10. 子母空间

子母空间即大空间中的小空间，是对空间的二次限定，在原空间中用实体或象征性限定出的小空间，它们有一定的独立感和私密性，又与大空间保持着一定的贯通，是一种满足群体和个体相融共处的空间形式。

11. 中性空间

中性空间又称不定空间，具有多种组合形式和功能含义，充满复杂和矛盾的模糊边界，具有异化和不规则、无规律的特点。

12. 交错空间

交错空间打破空间对称、规整和简单的层次划分，追求空间的交错穿插、层次丰富变化。

13. 过渡空间

过渡空间是两个空间衔接和过渡的空间，具有内引外连的作用，如走廊等。

14. 凹凸空间

凹凸空间是一种和结构墙体相互伴生具有向心力和领域感的空间，此种空间多属于空间利用的手段，借助结构凹凸加以利用形成半独立空间。

15. 弹性空间

弹性空间也称灵活空间，是指空间具有多功能性，可根据使用要求的不同改变空间的大小和使用性质，并不影响空间的整体性和美观性，是一种充分利用空间的形式。

以上是按照空间的使用性质和分隔形式对空间的划分定义，在室内设计的过程中可以对空间进一步细分，总结出更多样的空间类型。

第二节　室内空间的动线设计

所谓室内设计中的动线就是各个空间之间活动的路线，是室内设计中最重要也是首要考虑的因素之一，具有实际和视觉心理两个方面的内容。

一、实际动线

在室内设计中实际动线就是各功能空间的联系路线，它和功能空间的划分是密不可分的，是同时进行的。一个空间在划分的同时也是在进行动线的规划，一个动线的完成也就相当于功能区的划定，可见两者的紧密联系程度。室内动线设计要求做到动线流畅、通顺、直接，流动方向要清晰、明确，易于识别，尽量避免交叉、迂回，做到互不干扰、动线单纯、越短越好，如图2-1。

当动线必须穿越空间时应遵循以上原则，在对一个空间（相对于门位较多的空间如住宅空间）进行平面规划设计时首先要对其空间内不合理的门位进行调整和改位就在于此。以下是三种空间的穿越形式，可作比较，如图2-2。

二、心理动线

室内动线的设计客观上决定了人对室内空间的观赏次序，同时还要考虑视觉上的先后次序，注意视觉上的观赏整体性，尽量做到主次之分，避免方向多变，多视觉中心，造成观看时左顾右

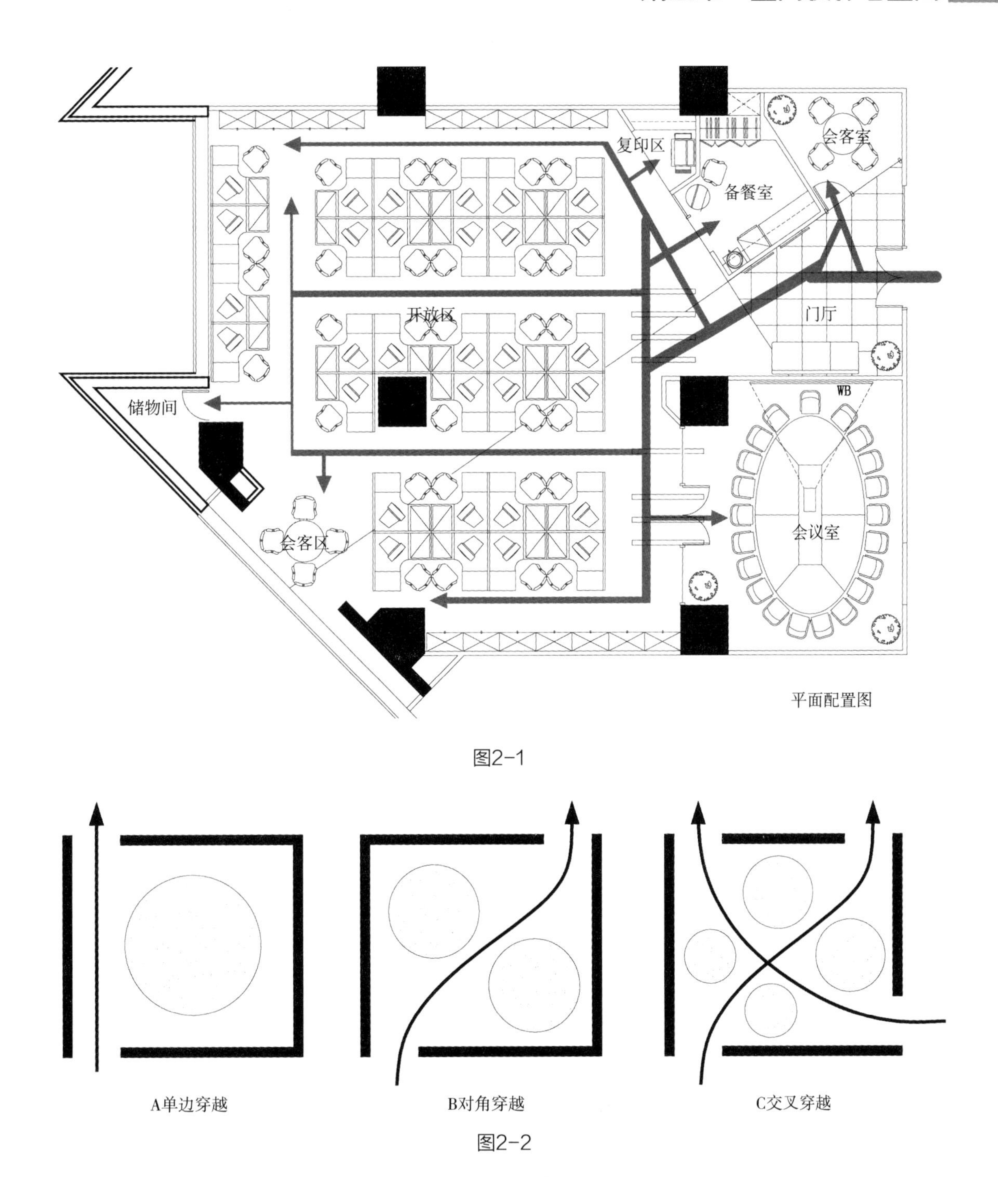

图2-1

图2-2

盼、杂乱无章而引起视觉疲劳。

此外，在进入空间时要讲究有良好的进入视角，一般来说进入视角以45°为佳。就是人在进入空间时其整个过程是先看到主空间的一半左右，然后顺应视觉心理自然地过渡到中心活动区。进入空间尽量避免两种视角，一是90°正对活动中心，因为这样在视觉上缺少准备，没有必要的过渡，造成视觉心理上的突然、直冲；另一种是进入角度大于人的视角60°，即活动中心区在人的正常视域之外，这样人眼就看不到中心区了。这也是我们在居住空间设计时总要考虑入口设计（改变以上不足或从风水角度对入口门厅的设计）的原因。

第三节　室内空间的分隔形式

一个室内设计的首要工作就是对空间进行划分和组合，这是室内设计的基础，而各空间组成部分之间的关系，主要是通过分隔的形式来体现，要采用什么分隔形式，既要依据空间的特点和功能要求，又要考虑其艺术特点和心理需求。室内空间分隔形式主要有以下几种。

一、绝对分隔

四面有承重墙体或到顶的轻体隔墙等限定度高的实体界面分隔空间，称为绝对分隔，其空间界限非常明确，和外界隔绝，空间的私密性和独立性很强，隔声良好，视线完全阻隔或具有灵活控制的视线遮挡性能，空间安静与周围环境的流动性很差，抗干扰能力强，如图2-3。

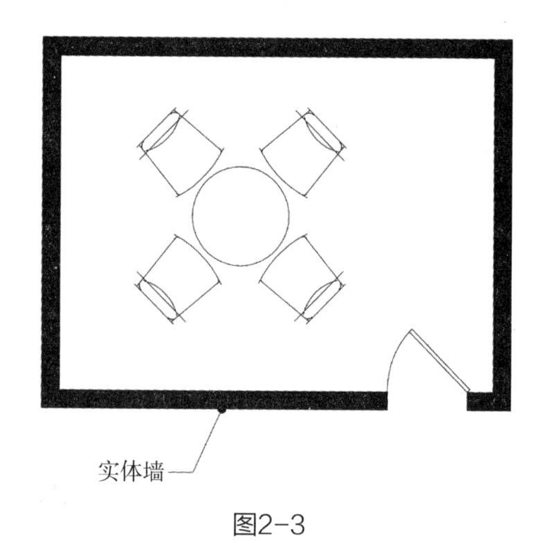

图2-3

二、局部分隔

与外界保持一定的联系，用局部的墙体、屏风、隔断、家具等划分空间的形式，称为局部分隔。此空间的特点介于绝对分隔与象征性分隔之间，多用于半开敞空间的分隔形式，如图2-4。

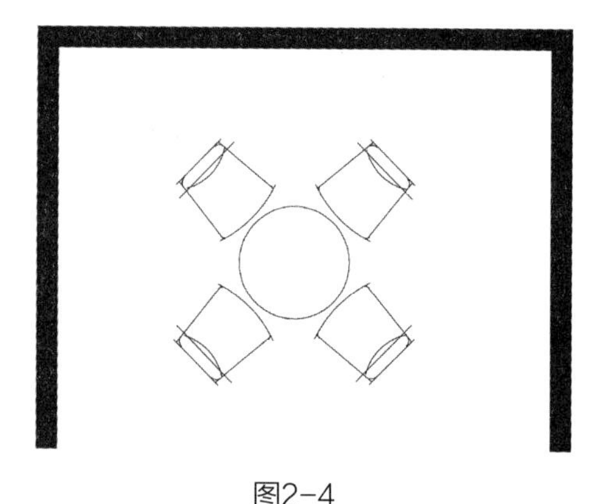
图2-4

三、象征性分隔

通过人们的心理联想和视觉完整性的感受，侧重心理效应，具有象征意义的空间分隔形式称为象征性分隔，其特点是分隔形式不明显，限定度底、空间界面模糊、隔而不断、流动性强，多用家具、陈设、材质、颜色、灯光、绿化等形式来分隔，多用于公共空间等，如图2-5。

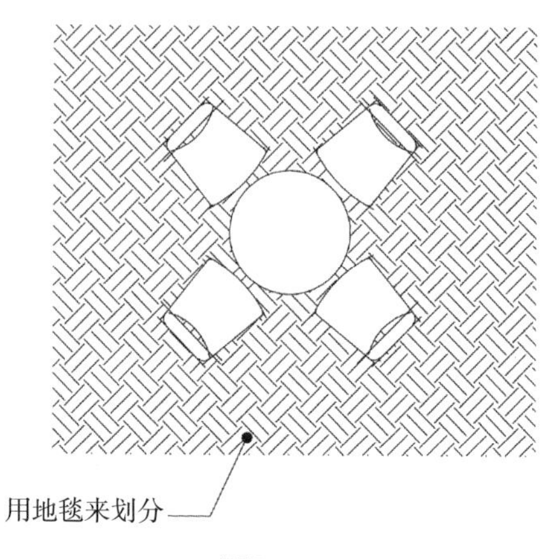

图2-5

四、弹性分隔

可以根据使用要求的不同而改变和调整空间的形状和大小，这样的分隔形式称为弹性分隔。通常采用拼装式、直滑式、折叠式、升降式等活动隔断，以及家具、帘幕、陈设等分隔空间。此种分隔形式多用于灵活多变、多用途的空间，如图2-6。

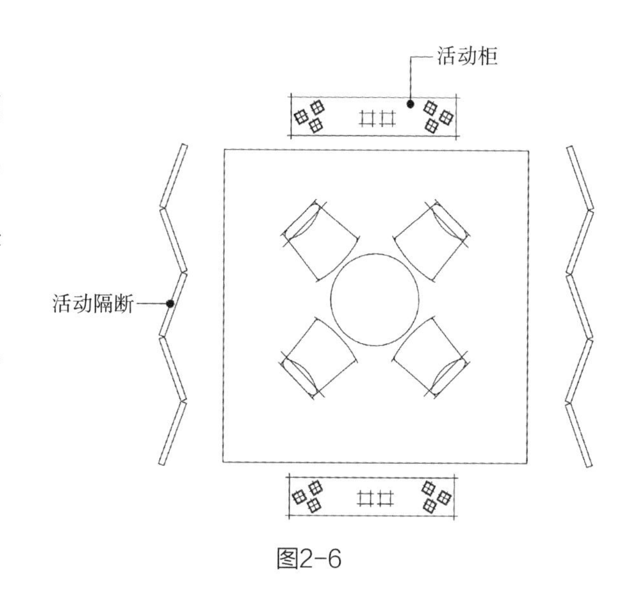

图2-6

第四节　室内空间的分隔方式

空间的分隔是为划定功能区域服务的，是室内设计中的重要内容。分隔的方式决定了空间之间的联系程度，分隔的方法则是在满足不同要求的分隔基础上，为分隔形式赋予美感和观赏性，是室内设计中最重要的表现界面之一。其分隔的方法多种多样。下面介绍常用的几种方法：1. 利用建筑结构分隔；2. 用各种隔断来分隔；3. 用装饰造型来分隔；4. 用颜色和材质分隔；5. 用灯具和照明分隔；6. 用家具和陈设分隔；7. 用水体和绿化分隔；8. 用不同标高来分隔；9. 用综合手段来分隔，等等，如图2-7。

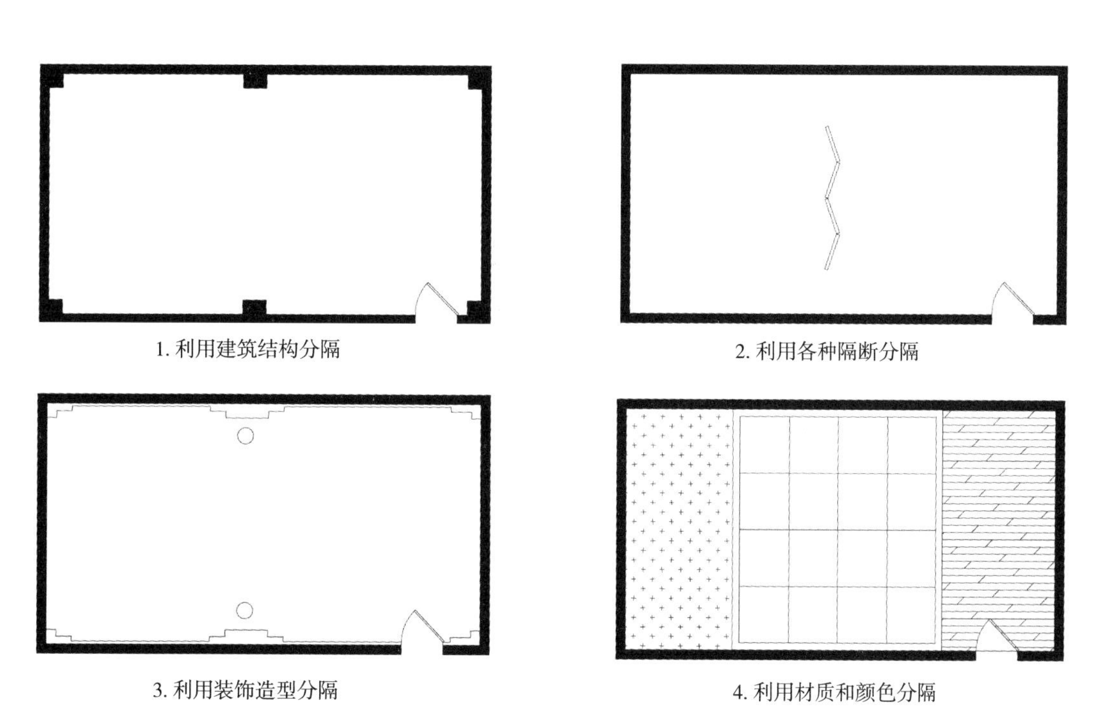

图2-7（一）

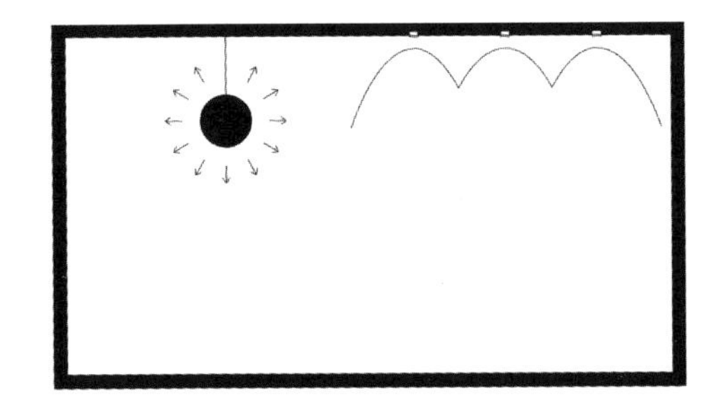

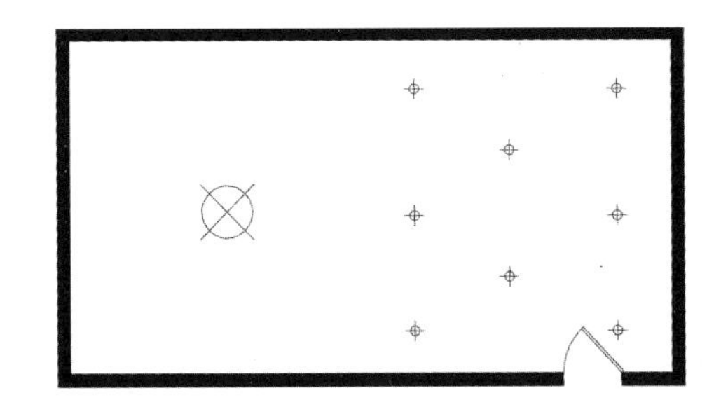

5. 利用灯具和照明分隔

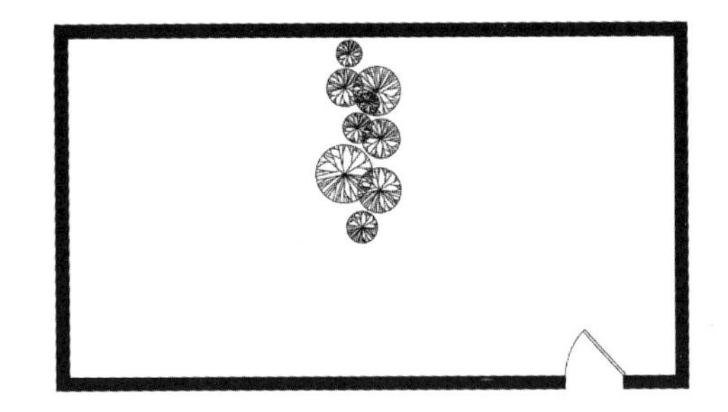

6. 利用植物和水景分隔

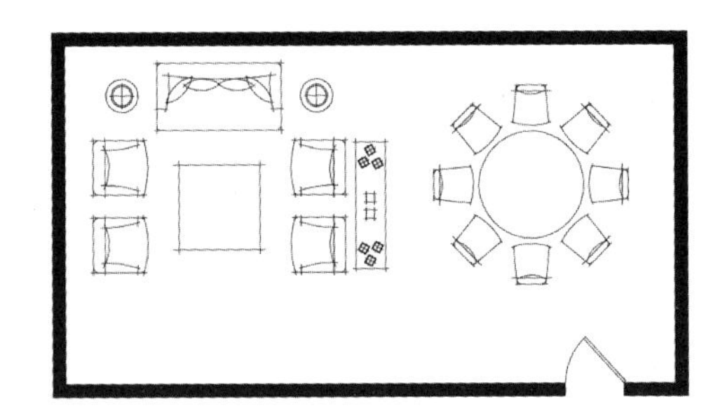

7. 利用家具和陈设分隔

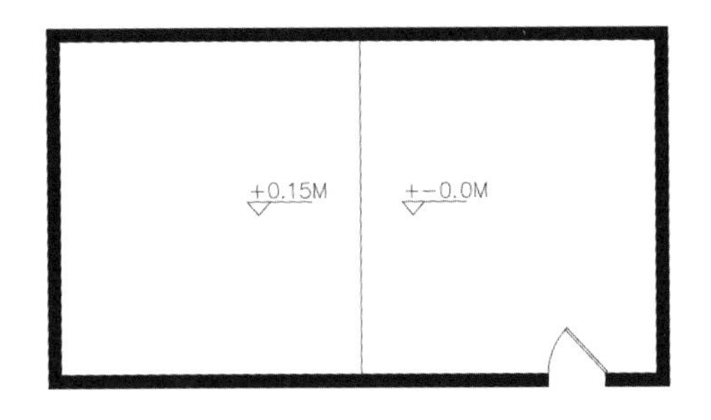

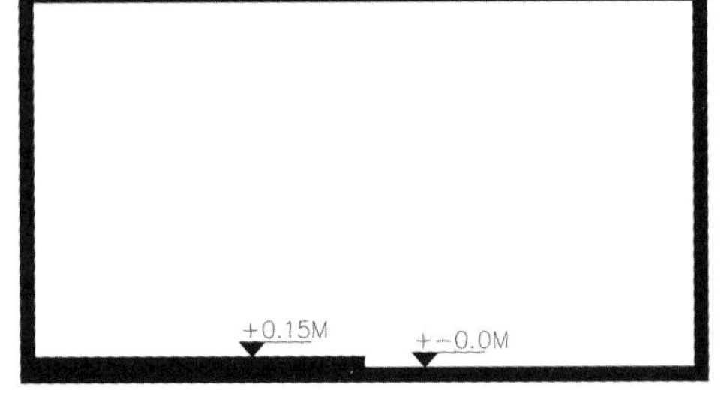

8. 利用不同标高分隔

9. 利用墙面不同材质分隔

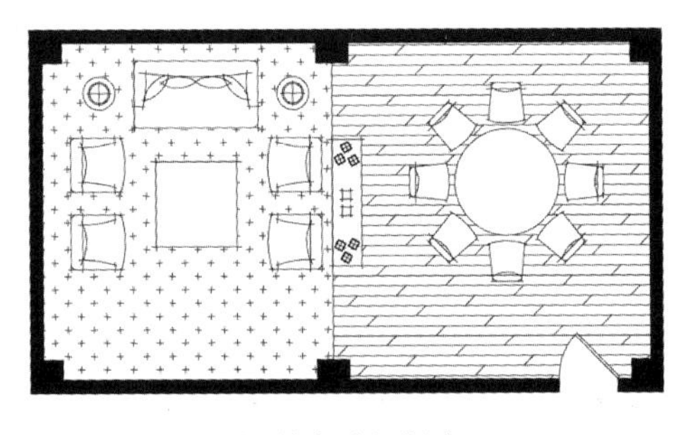

10. 利用综合手段分隔

图2-7（二）

第三章　室内色彩设计

第一节　色彩的本质属性

一、室内设计和色彩

在室内设计中必须同时具有形体、质感和色彩三要素，色彩会使人产生丰富的情感，亦可对形体产生突出和强调的作用，可以创造不同的室内环境气氛，在室内设计中具有重要的意义。

二、色彩的本质属性

“色是光之子，光是色之母”。色彩是通过光反射到人的眼中所产生的视觉感反映，分有色彩和无色彩，无色彩是指白色、灰色、黑色，有色彩是指除无色彩以外的所有色彩，如红、黄、蓝、绿等。

色彩的三要素：从色彩的性质划分可分为色相、明度、彩度三种。

1. 色相——是指具有色彩度的颜色如红、橙、黄、绿、青、蓝、紫等，因此无色彩即无色相。

2. 明度——是颜色的明亮程度，明度最高的是白色，最低的是黑色，它们之间按不同的灰色排列即形成明度差别，色彩的明度是以无色彩的明度为基础的。

3. 彩度——是颜色的纯度和鲜度，鲜艳色的纯度高叫清色，浑浊色的彩度低叫浊色，纯度高的或彩度高的颜色其色相明显，同一色相中彩度高的叫纯色，无彩色即没有彩度。

三、室内色彩的功能

色彩在室内设计中具有多种功能，除具备审美方面的功能外，同时还具有表现和调节室内空间情趣的作用。

1. 表现功能

所谓表现功能是指色彩对不同人的个性表现，如暖色调可以表达主人的性格是热情、坦率而开朗的，相反冷色调却表达了主人的性格是平静、安详、稳重而内向的，高明度和高彩度的颜色也表达出其个性直率而开放，相反低明度和低彩度的颜色必定是含蓄、深沉和内向的。

2. 美学功能

所谓美学功能是在人们的心理上产生某种反映或者叫心理影响。色彩可以为空间赋予生机，使空间具有情感，通过色彩搭配提高空间环境的美感，产生方向和领域感，这就是色彩美学功能的作用。

3. 调节功能

a. 光线的调节　各种颜色都具有不同的反射率，白色的反射率在70%～90%之间，灰色在10%～70%之间，黑色在10%以下，因此相应明度的色彩对室内的明度就具有调节的作用。

b. 空间的调节　用色彩手段来调节空间主要是靠明度和彩度的作用，可以在心理上调整空间的高低大小。低明度的暖色系颜色具有前进感，可以收缩空间，冷灰色调具有后退感，有扩大空间的效果。

c. 心理的调节　不同的颜色可以折射不同的情感性格，使之与人的精神产生共鸣，上升到一种语言形式（色彩语言）。

d. 生理的调节　即在生理上产生某种反应，如冷暖感等。

第二节　色彩的生理和心理作用

一、色彩的生理作用

研究表明，色彩对视觉的作用，如果在大多数时间里处于视野内的某块平面，其色彩属于光谱的中段色彩，则在其他条件相同的情况下，眼睛的疲劳程度最小。因此，从生理学角度讲属于最佳的色彩有：淡绿色、淡黄色、翠绿色、天蓝色、浅蓝色和白色等。但是任何色彩都不可能是完全适宜的，眼睛迟早总会疲劳的，而色彩性疲劳可以调换为另一种色彩来减轻，所以必须周期性地使眼睛的视野从一种色彩变换到另一种色彩，也就是补色的合理运用，在色轮上就是呈180°或接近180° 的两对应色，如蓝色与橙色、紫色与黄色、绿色与红色等，如图3-1。

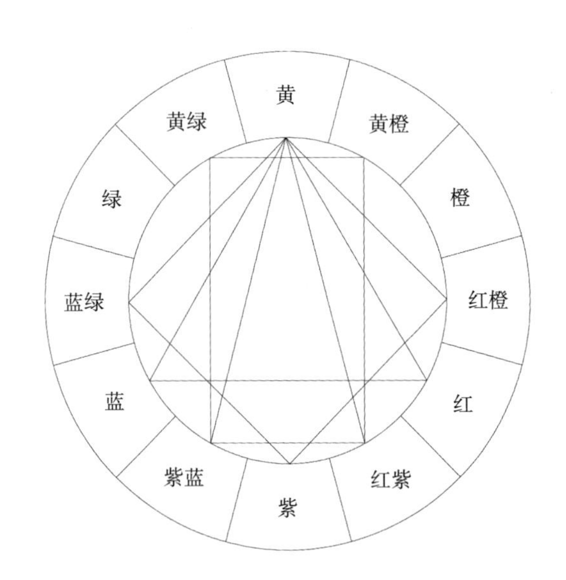

图3-1　色轮和谐补色关系

1. 凡是在色轮中构成三角形和四边形的对应色都是和谐的；
2. 凡是呈180° 和接近180° 的对应色都是互补的。

二、色彩的心理作用

色彩具有各种各样的表情，有激起人们情感的作用。在室内设计中灵活掌握、巧妙运用，创造出丰富多彩的情感空间。根据色彩的心理感觉大致可有视知觉、触觉、听觉、情绪感受等，如

表3-1。

色彩的心理特点，就是色彩对人的心理状态、对人情绪的影响象征。色彩的象征力、主观感知力和色彩辨别力，都是心理学上的重要的问题，色彩美学表现在三个方面即印象视觉上、表现情感上、结构象征上。色彩的联想与象征表如表3-2。

表3-1

色彩的心理感受	视觉心理感受	前进色	暖色系、红、橙、黄等
		后退色	冷色系、蓝、绿、紫等
		面积大	高明度色、淡色、白
		面积小	低明度色、浓色、黑
	触觉心理感受	轻色（软）	高明度色（中等纯度、中等明度） 浅色、浅蓝、黄色、白色、淡黄、草绿等
		重色（硬）	低明度色（表面粗糙色） 深色、黑红、紫、深蓝、单一暗色
		干	暖色系、红、橙、黄等
		湿	冷色系、蓝、青、紫等
		暖色	红、橙、黄、褐等
		冷色	蓝、绿、紫、白等
	听觉心理感受	高音	红、橙、黄、白（高明度）
		低音	蓝、青、紫、黑（低明度）
	精神心理感受	积极色（欢乐）	红、棕、橙、黄等
		消极色（忧伤）	蓝、紫、黑等
		华丽	彩度高、高明度、不同色搭配
		朴实	彩度低、低明度、不同色搭配

表3-2

	联想 颜色	具体联想	抽象联想
色彩的联想	白	雪、白云、白纸、白砂糖	清洁、神圣、纯洁
	灰	鼠、铅、阴云、混凝土	平凡、忧郁、沉闷
	黑	煤、黑夜、墨、头发	严肃、罪恶、死亡
	红	太阳、火、血、苹果	热情、热烈、喜庆、革命、危险
	橙	橘、柿、秋、肉汁	华丽、温情、嫉妒、焦躁
	茶	土、树干、栗子、巧克力	雅致、古朴、沉静
	黄	光、柠檬、香蕉、向日葵	光明、明快、幸福、泼辣
	黄绿	草、竹、春	年轻、和平、新鲜、希望
	绿	树叶、田园、森林、草坪	和平、安全、成长、永恒、理想
	蓝	天空、海洋、水、湖	无限、理智、理想、平静、悠久
	紫	紫菜、葡萄、茄子、紫藤	优美、高贵、高尚、神秘

第三节　室内设计色彩的运用

一、色彩和谐的原则

所谓色彩和谐的原则，就是色彩构成中相互间对比而又统一的关系，或者说是颜色之间既有联系又有区别的关系，实际上就是要求色彩间的近似与色彩间的对照具有有机的平衡关系。所谓类似就是指色相、明度和彩度的相互联系与和谐的关系要素。所谓对比就是指色相、明度和彩度的相互对照和区别的关系要素。在色彩构成中，色彩的近似性太强，就会产生单调感；相反地，若对比过强，又会使色彩产生不统一和不协调的效果。因此在色彩构成时，对于两者要综合、辩证地考虑。

色彩美和其他一切事物一样都是有客观规律的，凡是符合客观规律的色彩就是美的色彩。色彩构成的客观规律内容如下：

1. 对比性

对比性是指配色清楚、明确，不仅指对比色的构成也包括其他调和色的构成关系，同时还有面积的比例关系。

2. 秩序性

秩序性是一切造型创作的灵魂。在色彩中是指色彩构成中的色调、比例、节奏、韵律等关系。

3. 联系性

联系性是指色相、明度、彩度近似或相同的关系，起着衔接、过渡的作用。

4. 主从关系

主从关系是指在色彩构成中不仅做到对立和统一的关系，还要有主次的从属关系，才能使空间统一和谐。

二、色调构成的方法

1. 主从法

主从法是指在色调构成中明确主色和辅色，也就是某种色相在面积上要占有优势，避免用色均衡、平等。这样才能主从清楚、层次分明，才有秩序性。不过占优势的主色一定要注意它的彩度要相应地低些，否则就会产生强烈的刺激而失去色调的和谐。

2. 过渡法

所谓过渡包括两个内容，一是彩度过渡；二是明度过渡。彩度过渡就是在两个对立很强色相的中间区，用低彩度的颜色加以缓冲和平衡。明度过渡就是使两个以上的明度反差很大的色彩构成中，使用中间状态的明度关系使两极的色彩逐渐融合、逐渐接近，使之有机地联系在一起。

3. 集中法

所谓集中法就是使色调中的重点色彩从面积和位置上相对集中。尽量将重点颜色相对地压缩面积，并使它在位置上占据有利地位，一般应尽量靠近构图的中心。

三、色彩的对比

两种颜色并列相应的效果之间所能看出的明显不同就是对比，这种不同达到最大程度时，我们称之为直径对比或极地对比。如大小、黑白、冷暖处于极端时就是极地对比，在观察色彩效果的特征时，可以看不同类型的对比。

1. 色相对比

色相对比就是未经掺和的原色，以其最强烈的明亮度来表示的。红、黄、蓝是极端的色相对比。

2. 明度对比

白昼与黑夜，光明与黑暗，明度不同的两个颜色相邻时，明度高的看起来要亮一些，反之要暗一些。这种看上去在明度上差异增大的现象叫作明度对比。黑色和白色是最强的明度对比。

3. 冷暖对比

试验表明，在蓝绿色的空间里和在橙红色的空间里，人们对冷暖的主观感觉相差2.78℃～3.89℃，即在前者的空间里15℃时就会感觉到冷，而在后者直到温度下降到11.1℃～12.2℃时才感觉冷，客观地说这就意味着蓝绿色使人体血液循环减慢，而红橙色则使其加快。因此室内色彩设计要注意冷暖对比适当，同时冷暖对比包含了提供远近感的因素，这是造型和透视效果的一个重要表现手段。

4. 补色对比

如果两种颜色调和后产生中性灰黑色，我们就称这两种色彩为互补色。互补色的规律是色彩和谐布局的基础，因为遵守这种规则便会在视觉中建立精神的平衡。互补色彩如果在比例上使用得当，会产生一种凝固形象的效果。

每对互补色都有它自己的独特性，如黄、紫不仅呈现出补色对比，并且表现出极度的明度对比。红橙、蓝绿是一对互补色，同时也是冷暖的极度对比。红和绿是互补色，其饱和色彩有着相同的明度。

5. 同时对比

所谓同时对比就是看到任何一种特定颜色，眼睛都会同时要求它的补色，如果这种补色还没有出现，眼睛就会自动将它产生出来。正是这个事实，色彩和谐的基本原理才包含了互补色的规律。

6. 面积对比

面积对比是指两个或更多色块的相对色域，是一种多与少、大与小之间的对比。应用面积对比的目的就是要在两种或更多种色彩之间有色量比例的平衡。

7. 色度对比

饱和或色质指的是色彩的纯度，色度对比就是在纯度的强烈色彩同稀释的暗淡色彩之间的对比。色彩可以用四种不同的方法掺淡。a. 一种纯度色彩可用白色掺淡，使其特性多少趋向冷调。b. 一种色彩可以用黑色来掺淡，这种掺和可使某些颜色失去光亮的特性。c. 一种饱和色彩同白色或黑色或灰色混合掺和，这些色彩都不如相应的纯度色那样强烈。d. 纯度色彩可调以相应的互补色而掺淡。

四、室内色彩设计的原则

室内色彩设计与其他造型艺术的色彩运用有所不同，一般造型艺术的色彩服务性比较单一，仅为单件产品本身赋予观赏价值。而室内设计中的色彩则主要是应用，它一方面运用于机能方面，另一方面运用于精神方面，目的在于使室内空间中的人们感到舒适。因此色彩设计有其自己的特殊设计原则。

1. 时空性

室内色彩与时间性有着密切的关系，因为室内大面积的色彩对人们的精神和情绪产生较大的影响，因此室内色彩设计必须考虑人在其中长时间的感受。

2. 强制性

空间环境的色彩形成后，对人们的接受程度是带有强制性的。室内环境是一种包容性的环境，只要人们进入其中，就必须接受这个环境的色彩影响。因此室内色彩设计特别是在公共空间中要讲求普及性、公共性，让不同层次的人都能接受。

3. 机能性

机能性是指室内的色彩设计要与室内空间的功能相一致，如医院、实验室、会议室、餐厅等在色彩运用上要与其相应。

4. 从属性

从属性是指室内色彩存在的目的不只是为了创造自身独立和谐的关系，更重要的是创造一个和谐的背景环境，因为它具有突出主题和衬托人和物的作用，这也就是所谓室内色彩的从属性。

五、室内色彩设计的方法与步骤

室内色彩设计的方法并无固定的程式，每个人可以有自己的方法，根据需要灵活运用，而且可以对于不同的室内设计采用不同的方法，但是客观上还是有规律可遵循。以下介绍常用的方法和步骤：

1. 确定色调

在室内空间色彩设计时，首先是根据空间性质和需要确定好空间的性格是活泼的、平和的、庄重的、沉稳的还是华丽的、朴实的，等等，然后在这些基础上确定出色调和主色，有了主色调后接下来的配色就有了范围，有了方向。

2. 确定辅色

以主色为基础围绕其确定辅色，辅色服从于主色。辅色可以有几种但主色通常只有一种，一个空间中的色彩不宜超过4种。

3. 确定比例

确定好色调后还要根据主色和辅色的关系确定色彩的面积比例，主色面积因占主导地位（面积），辅色根据其在整个色调中的辅助作用确定其比例大小的关系，也可以说面积的比例关系也是主色和辅色的次序的关系。同时还要考虑色块的构成和搭配的关系。

4. 着色或运用

根据以上设计好的色彩关系进行着色和运用，并逐步调整，直到最后满意。

第四章　透视基础

第一节　透视的本质

透视的本质即二维平面图上的三维表现，是在平坦的画面上绘出立体的对象和空间。当然在平面二维图中构成三维立体的真实对象和空间是不可能的，我们只是说构成三维的印象。人们在观察三维对象时，二维的眼球网膜便依据投影关系而形成了近大远小的透视景象，所以从透视判断立体是人们的神经本能，在平坦的画面上自然地表现确切的立体感、远近感，首先就得运用透视技法。

那么什么是透视呢？透视就是按中心投影法则构成平面图像的方法，它是从数学、几何学上推证得到的一系列的基本透视原则。如何把空间形体的实际形状，纳入一个平面上，而这个平面上的空间形象又具有立体感和新的视觉感受，所以说透视学是“研究视觉规律”的科学。

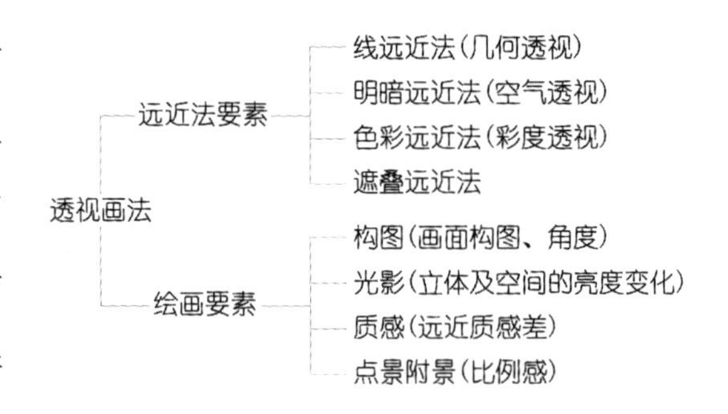

透视画法要素如表：

第二节　透视原理与概念

一、透视法术语

透视法是一种数学方法，在说明和运用上需要很多术语，要掌握好它并了解和熟记它的含义，如图4-1。

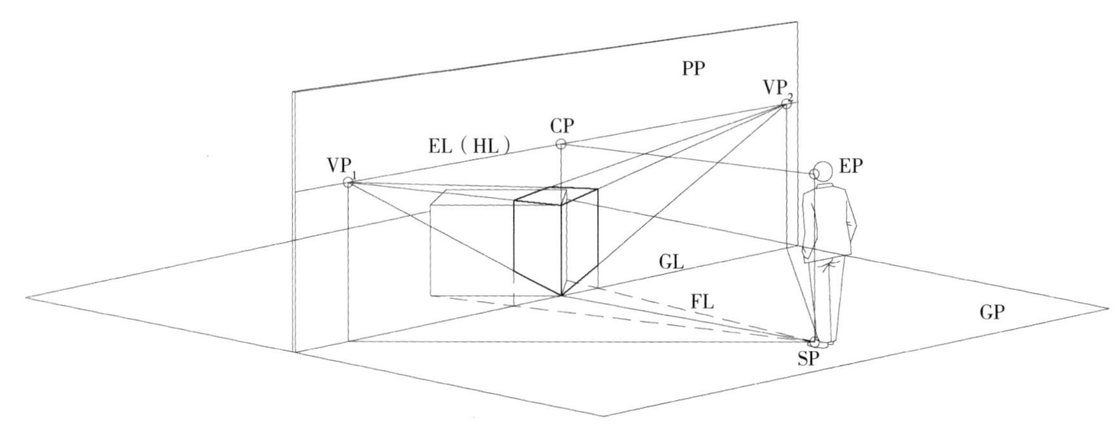

图4-1

1. PP——透视图画面。

2. EP——视点即观察者眼睛的位置。

3. GP——基面，观察者和画面、物体所处于的水平面。

4. SP——立点，观察者的立足点。

5. GL——基线，基面与画面的交线。

6. CP——中心点，垂直于画面的视轴和画面的交点（在一点透视中也是消失点）。

7. EL——视平线，画面上通过CP（中心点）的水平线或称HL（水平线）。

8. VP——消失点（灭点），在画面上物体通过视点形成透视的线，延长并集聚在EL线上的点。VP必然在EL线上，和EL线等于眼睛的高度这两点最为重要，必须牢记。

9. M——测点，也称量点，求透视中物体长、宽、高实长的测量点。

10. FL——脚线，是求取物体在透视中的深度，由物体各点向SP点的连线。

根据人眼的生理特征，透视区域的最佳角度一般不小于60°，M点的确定与视距有关，M点距视中心越近，物体透视就缩减，显得畸形。M点距视中心越远，则感觉相对稳定。

二、透视图的种类

按照几何学的说法，任何的形都是由点积聚而成的，所以用透视法的“直接法”求形体上的几个点，将之连接即可得到全体的透视图。但用此法有时因物体的形状作图会相当困难，也不易求得很正确的图。因此求点的直接法多作为辅助的方法，而一般所采用的方法是求消失点的作图方法，即先求直线的消失点，然后求直线全体的透视图，再决定必要的点和长度，如此便能求得正确的透视图。此种作图法以直线最为重要，所以一般都由直线，尤其是以平行线和直线相互成直角的形，如正方形、长方形、立方体和直方体等形体作为基本来思考透视图，比如含有曲线、曲面的物体，则以假设刚好能装进该形体的立方体或直方体的箱，先求箱的透视图然后再求其中主要的点，连接起来即可求到，当有较复杂的细部时亦可用徒手来完成。

透视法由消失点的数量来划分可分为：

1. 一点透视（平行透视）

现以立方体为例，物体正立面平行于画面，其两侧面垂直于画面，与画面平行的直线没有消失点，与画面垂直的线才有消失点，而且这些直线又相互平行，所以只有一个消失点。像此类情况下的透视图，称为“一点透视”，如图4-2。

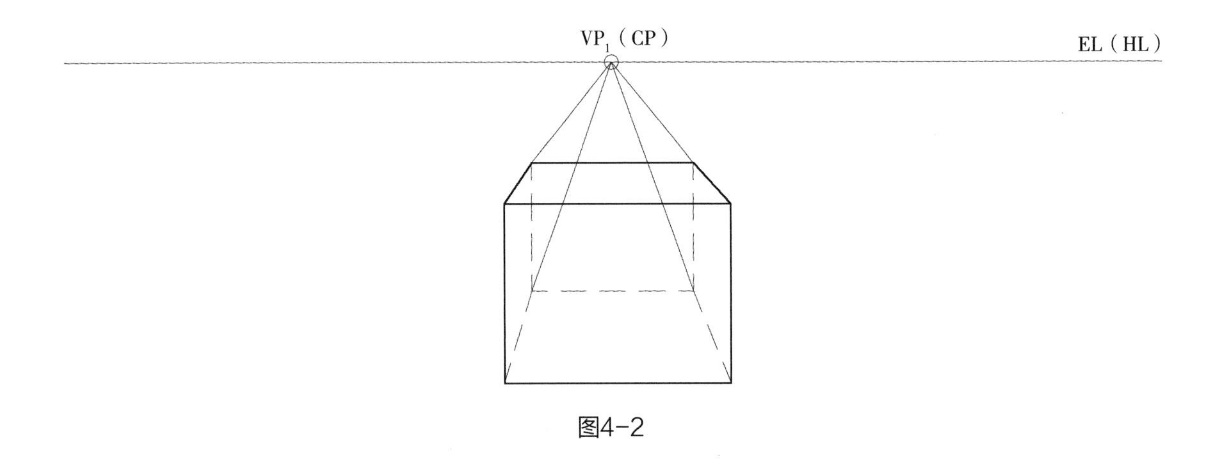

图4-2

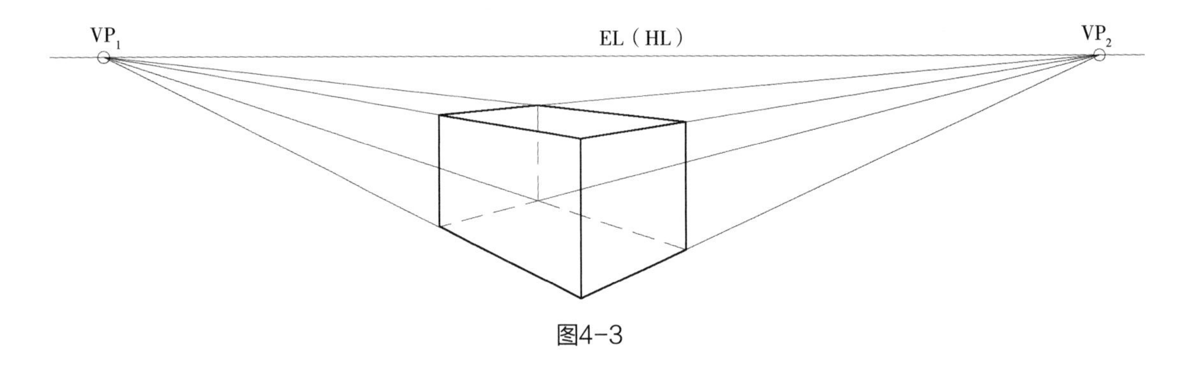

图4-3

2. 两点透视（成角透视）

同样以立方体为例，将立方体向左或右略移动，即与地面垂直的四个面皆变成与画面倾斜形成角度，在这种情况下与画面形成角度面上的平行线成为斜着往左右深远方向延伸的直线，因此有两个消失点，而垂直于地面的线与画面平行，自然没有消失点。这种情况称为“两点透视”，如图4-3。

3. 三点透视

上面所述的一点、两点透视，都是立方体的一个面在地平面上。如果立方体的所有面与画面形成角度都有倾斜时，即所有面上的棱都会有消失点，这些棱相互平行，四条一组，各有三个方向，各自有各自的消失点，这种情况下的透视，称为“三点透视”，如图4-4。

三、透视作图原理

以下步骤，是把物体对象立方体依据透视原则绘于画面上，而构成透视图的原理性图解过程。

步骤一：

1. 在基线（GL）以上等于视高/视平处引画视平线（EL）。

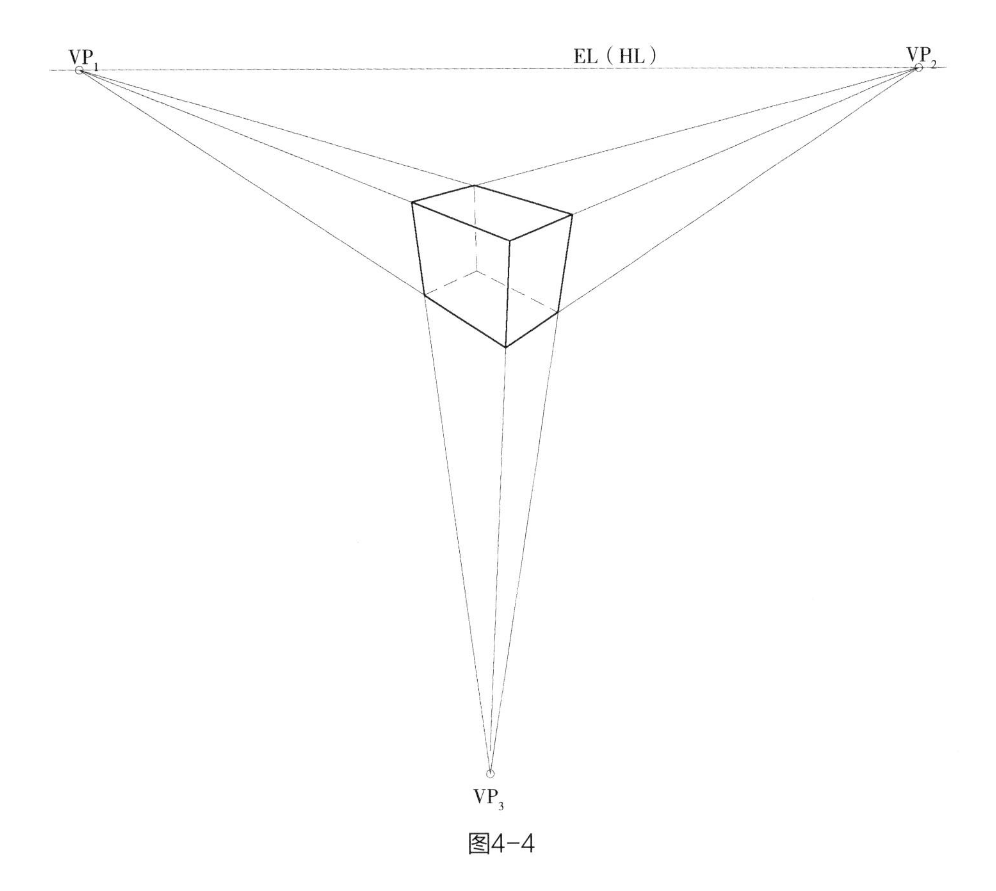

图4-4

2. 自对象各点向立点（SP）引画脚线（FL），与基线（GL）交于a、b，如图4-5。

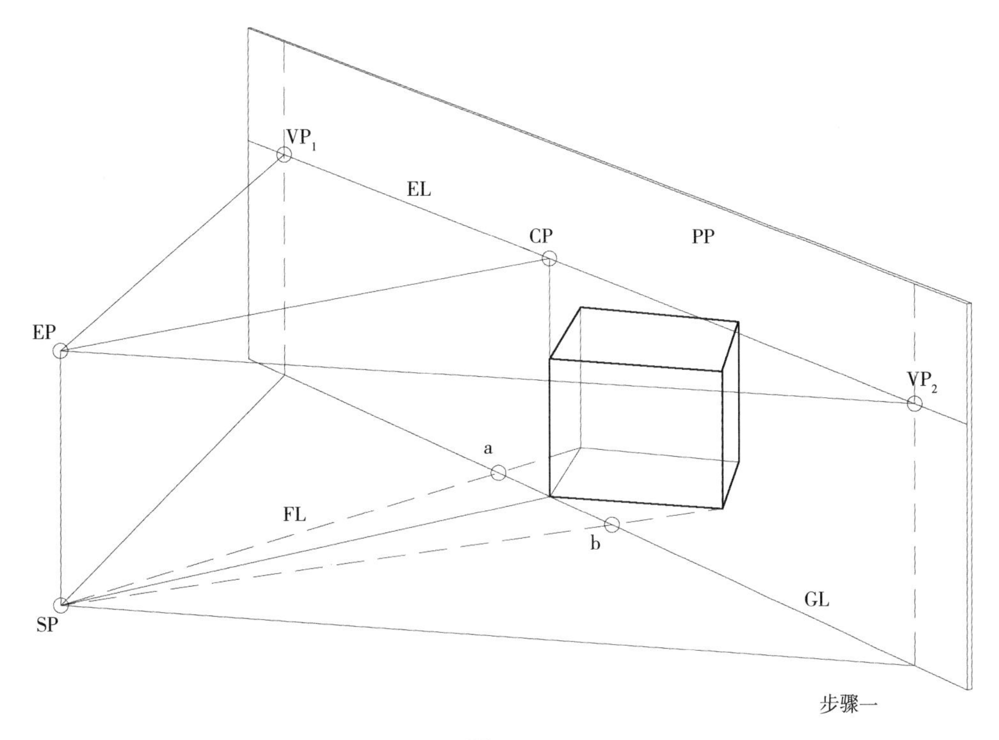

图4-5

步骤二：

1. 在画面上，由与画面（PP）贴住的立方体棱线（该棱线反映实长）的两端点，各向左右两个消失点（VP）引画透视线。

2. 由a、b点作垂线向上，与透视线相交，定出物体对象透视深度。

3. 由交点向相应的消失点（VP）连线，即得其余的棱线，如图4-6。

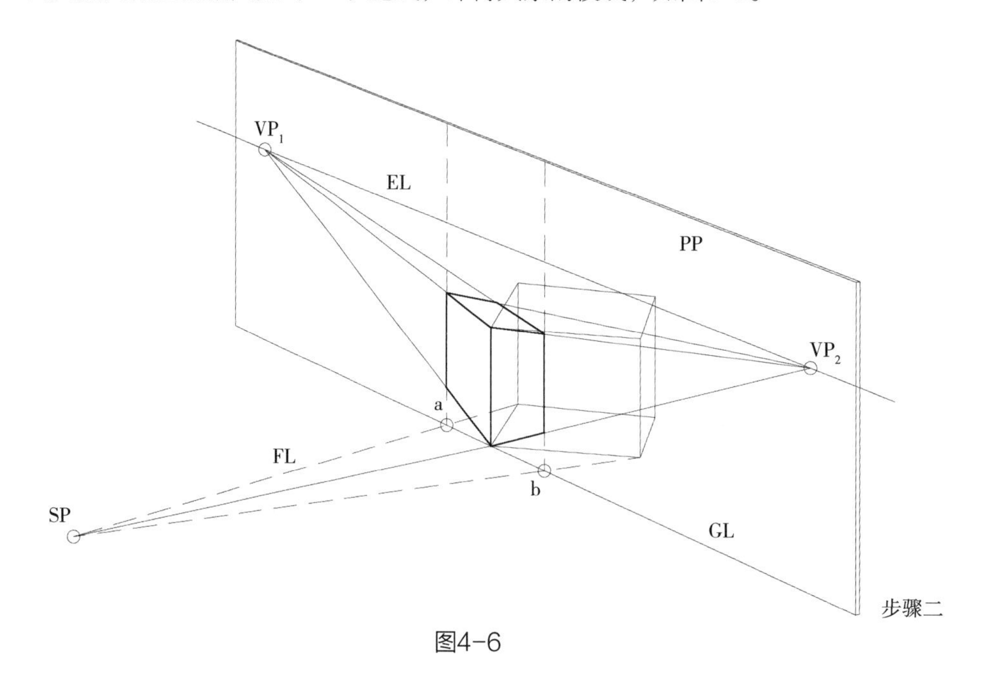

图4-6

步骤三：

把画面（PP）移动到立点（SP）前面，倒放下来，其上缘与原基线（GL）线一致（事实上玻璃板亦是图面的高度），如图4-7。

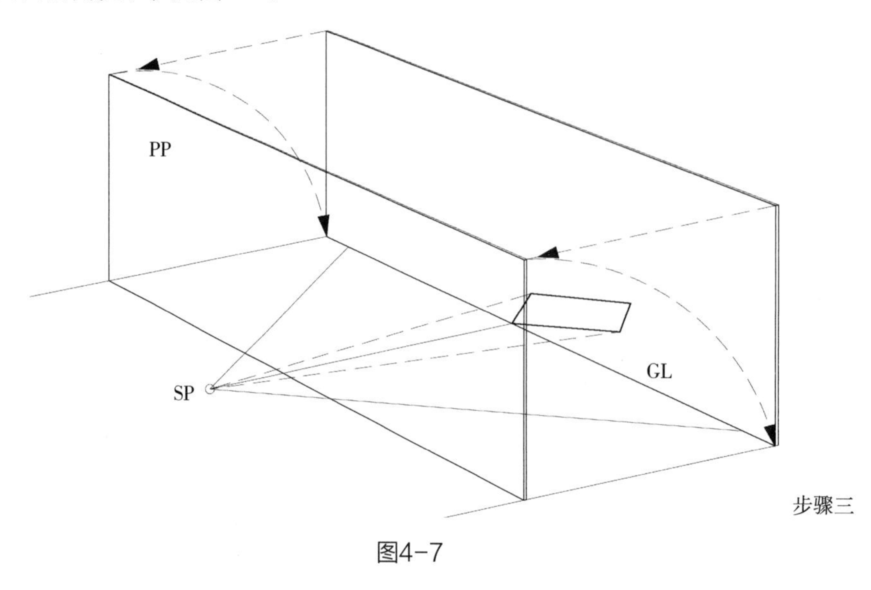

图4-7

步骤四：

这时立体的物体便置换成平面的透视图，如图4-8。

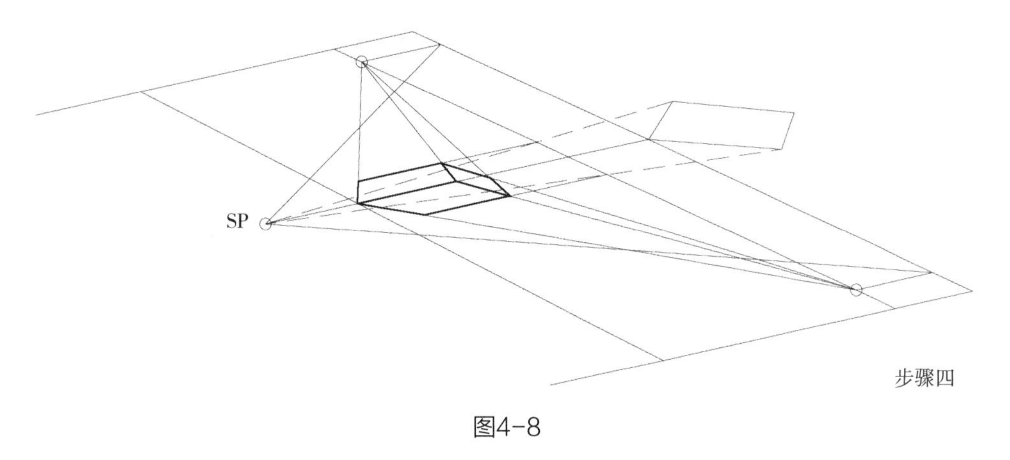

图4-8

步骤五：

完成的两消失点透视原图，实际上不是画在玻璃板上，而是按此步骤原理直接绘制于平面图纸上，如图4-9。

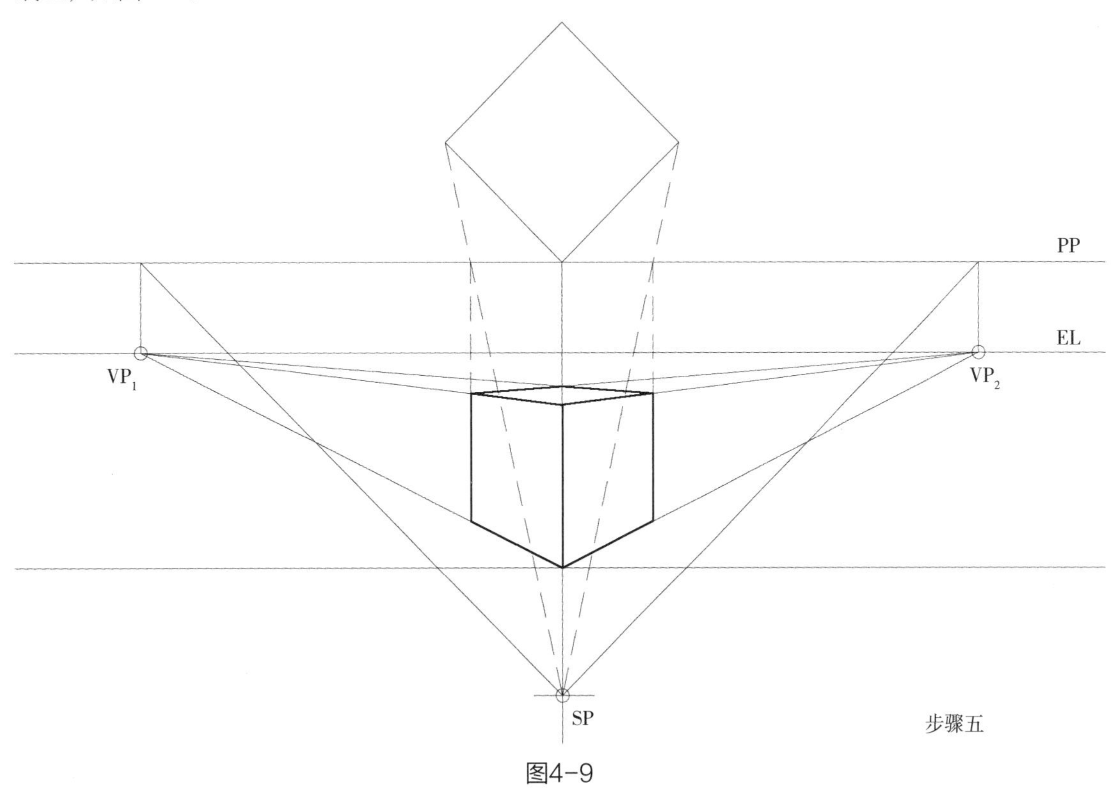

图4-9

第三节 基本透视作图法

一、一点透视（平行透视）作图法

一点透视又称平行透视，常用于不必表现两侧面的外观透视图和一般的室内透视图。一点透视表现范围广，纵深感强，适合表现庄重、严肃的室内空间，缺点是比较呆板，和真实效果有一定距离。一点透视和两点透视的作图法，以脚线（FL）来求取其深度，这种脚线法是一切透视制图的基础，精通了这一方法，以后的简化作图法就轻而易举了。

下面以图4-10为例讲述一点透视基本作图法。

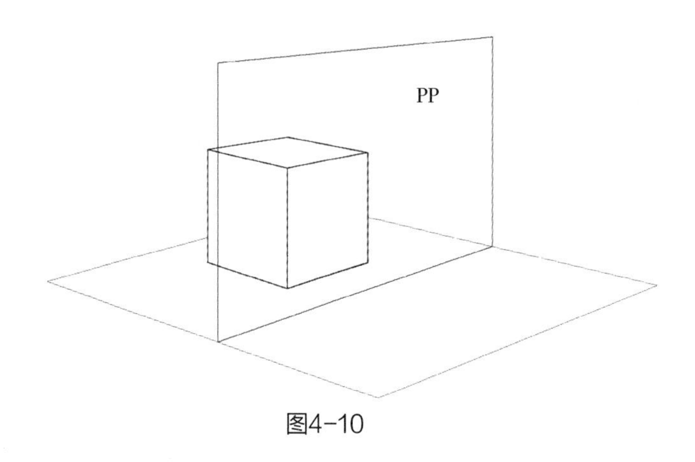

图4-10

1. 如果物体对象的正面和画面（PP）相贴，则物体正面上的各线在画面上将反映一切实长。

2. 作图时消失点（VP）允许左右移动，不必中央对称，只是VP点离中央过远容易出现透视畸形。

3. 立点（SP）与画面的距离，原则上可任意取，但一般以物体对象立面的2~3倍为宜。

步骤一：

1. 把物体平面图正面的边平行于画面（PP）安放；2. 把物体的立面图放于基线（GL）上；3. 自物体的平面图向下引画宽度的测线；4. 自物体的立面图向右引画高度测线与宽度测线交于a、b、c、d；5. 过物体平面图的对角线焦点向下作垂线，并在其上适当处设定立点（SP），该线与视平线（EL）的交点就是消失点（VP），如图4-11。

步骤二：

从a、b、c、d向VP点引画透视线，然后引画SP点到A、B、C、D的脚线（FL），如图4-12。

步骤三：

各脚线（FL）与画面（PP）交于e、f、g、h点，由它们向下作垂线，其中外侧两条与透视线分别交于i、j、k、l，四点连接便画出物体的正面，如图4-13。

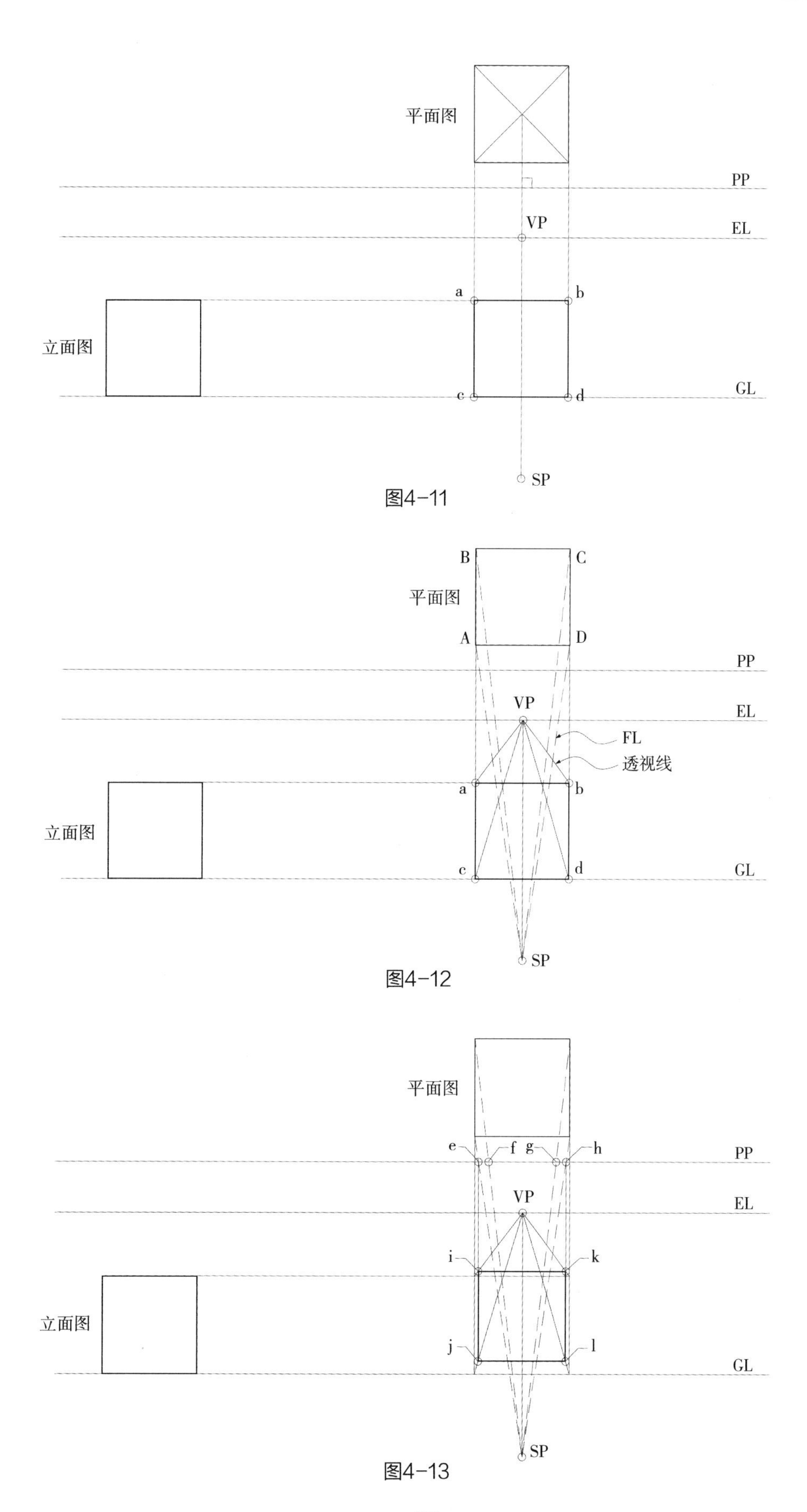

图4-11

图4-12

图4-13

步骤四：

其余两条内侧垂线与透视线交于m、n、o、p点，连接四点便形成纵深处的面，然后连接前后两个面的透视线，至此一点透视的正六面体透视图完成，如图4-14。

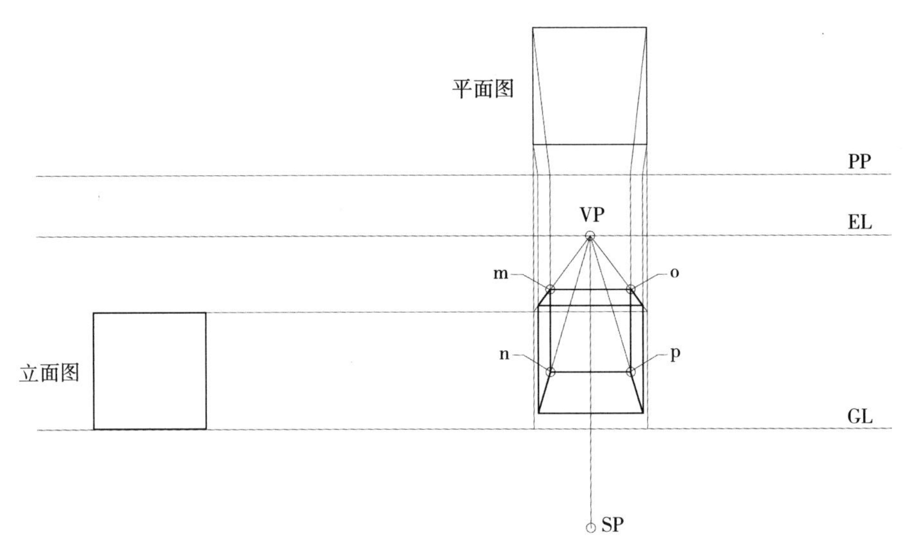

图4-14

注意视点位置不同的透视形态的变化。同一消失点但物体对象上下左右位置的不同，则其透视图形不同，如图4-15。

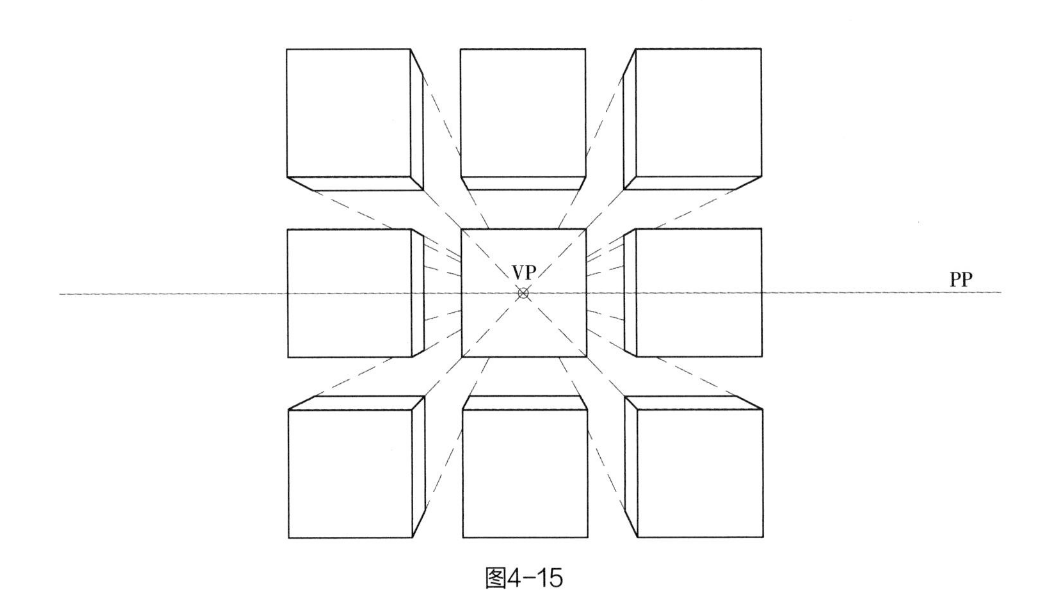

图4-15

二、一点透视作图法实例

以下页图4-16室内设计图为例：

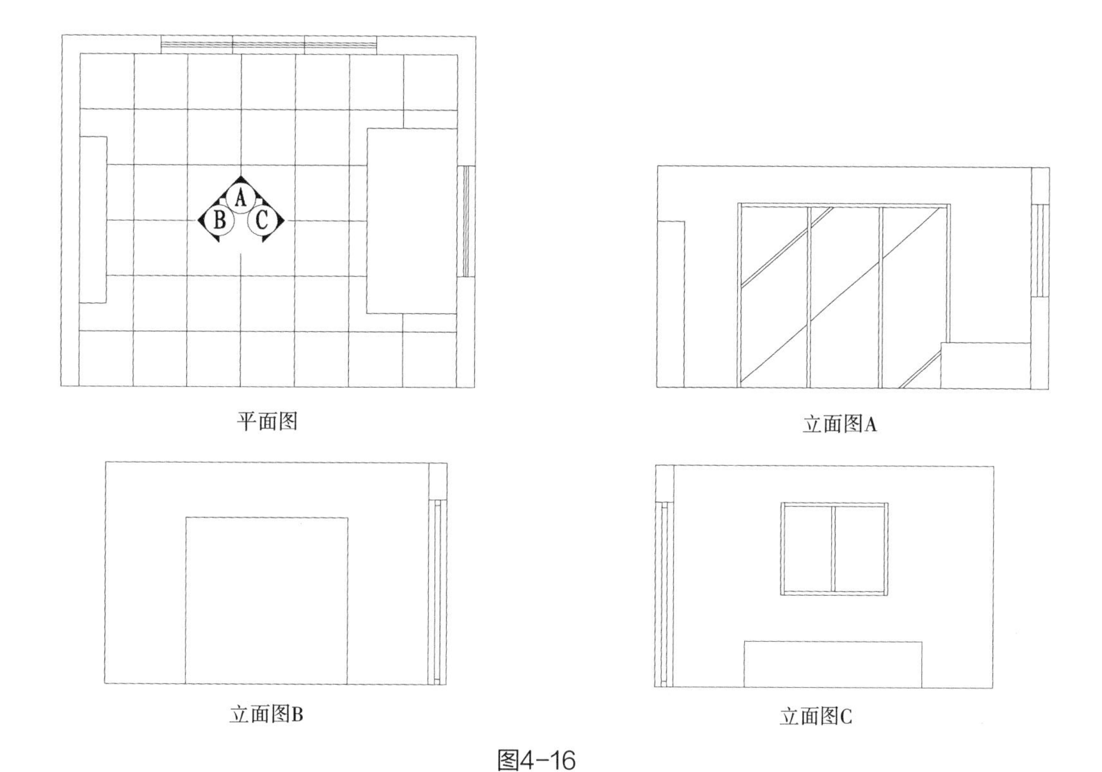

图4-16

步骤一：

1. 将平面图平行于画面（PP）布置；立面图置于基线（GL）上。

2. 在平面图上引画对角线，过其交点（可根据表现需要左右偏移）向下作垂线，在垂线上适当处（约立面高度的2～3倍之间）设定立点（SP），该线与视平线（EL）交点为消失点（VP）。

3. 连接立点（SP）与平面图各主要点的脚线（FL），自该脚线与画面（PP）的交点向下引垂线，得出宽度的测线。

4. 自基线（GL）上的立面图引出高度测线与外侧宽度（实际高度）测线交于a、b、c、d点，自该点向消失点（VP）引画透视线，与内侧宽度测线交于e、f、g、h点，然后连接各点之间连线，这样室内空间透视构造就基本完成，如图4-17。

室内透视图绘制的次序一般为：结构壁面——结构附件（门窗等）——家具饰物。

步骤二：

1. 把门、窗的高度从立面图上引向或转移到透视图实长线上，在由各点向消失点（VP）引画透视线。门高透视线与内墙相交，过该点作平行线即是门在内墙的透视高度。

2. 连接立点（SP）和平面图上门、窗的主要点与画面（PP）相交于各点，自各交点向下作垂线，与门、窗高度各点的透视线相交得出其具体透视位置和深度，如图4-18。

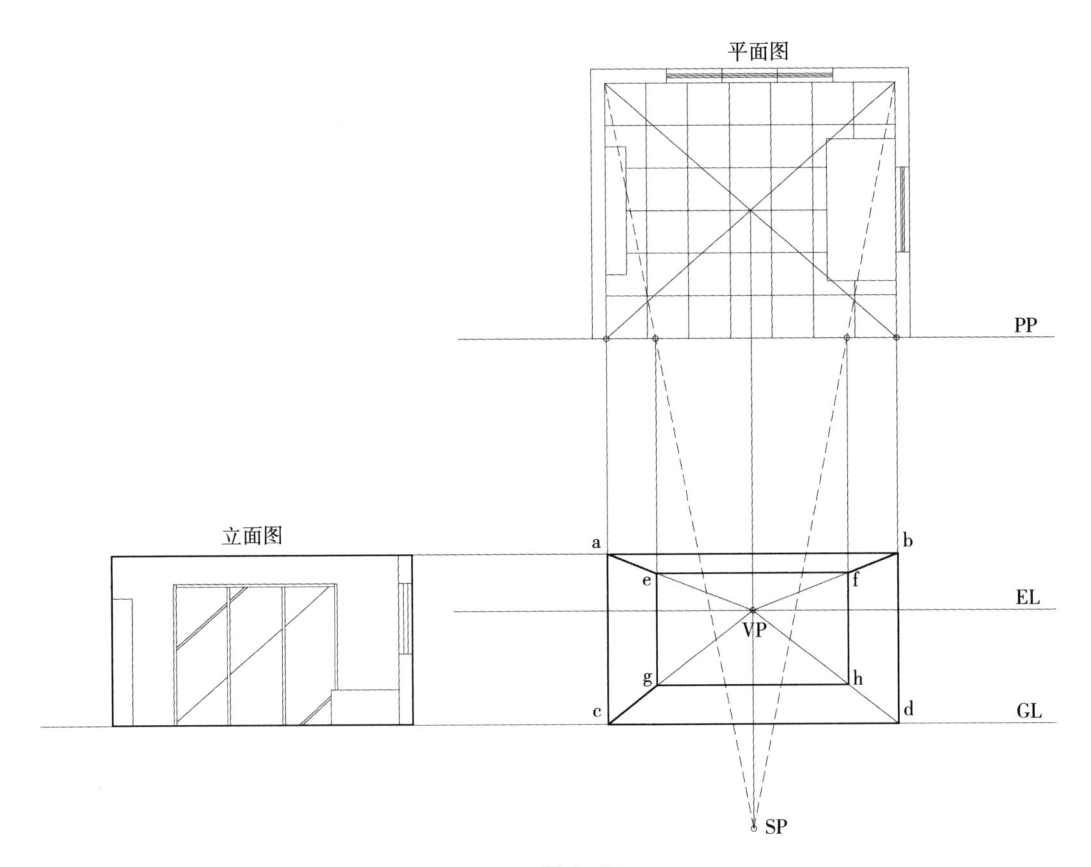

图4-17

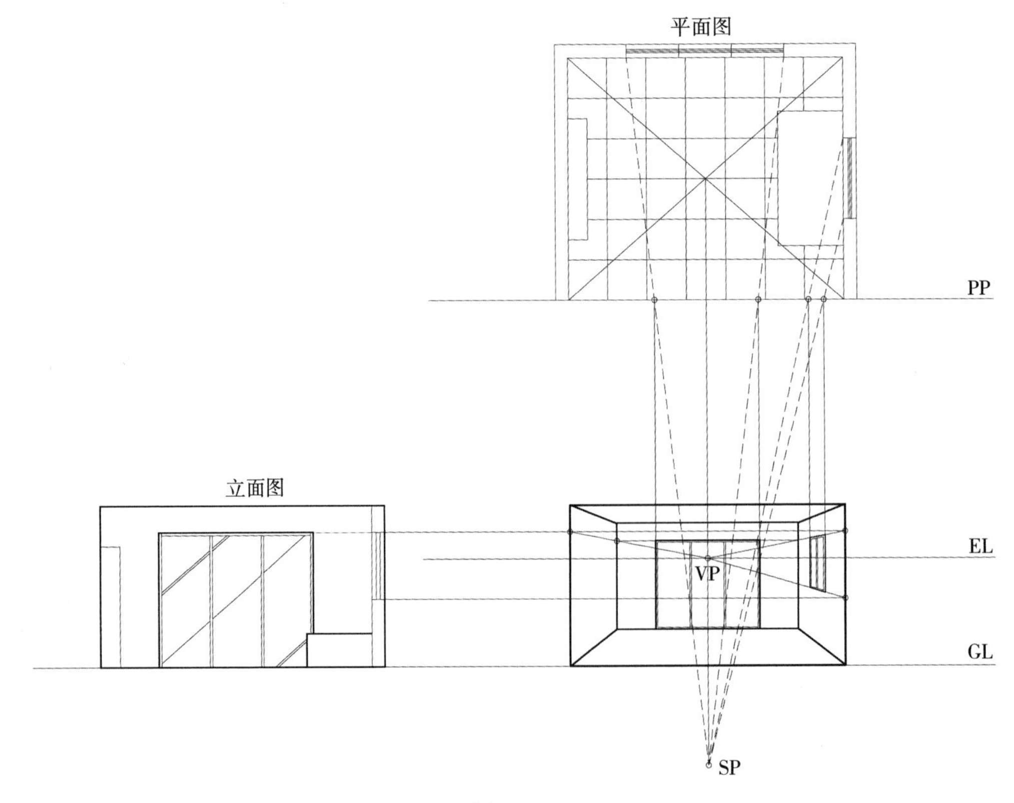

图4-18

步骤三：

1. 同样把家具、灯具的高度从立面图上引向或转移到透视图实长线上。

2. 由转移来的各点，向消失点（VP）引画透视线。

3. 连接立点（SP）到平面图上家具、灯具的各点与画面（PP）相交于各点，自各交点向下作垂线，与反映实长的各透视线相交得出其具体透视位置和深度。

4. 从平面图上将地面格子实长向下引线或转移到透视图实长线上，并向消失点（VP）引画透视线，再从平面图上地面格子的深度各点向立点（SP）连线交于画面（PP）各点，并向下作垂线与宽度透视线相交，即得地板格透视图，最后擦去不用的线，完成，如图4-19。

在透视图中一些没有在实长线上的物体如家具、灯具、门窗、饰物等可以通过将物体的实际高度和宽度先引画线和转移到和画面相贴反映实长的线或面上，然后再通过这些实高、实长点向消失点（VP）作透视线与深度测线相交，来求得其相应的透视位置。

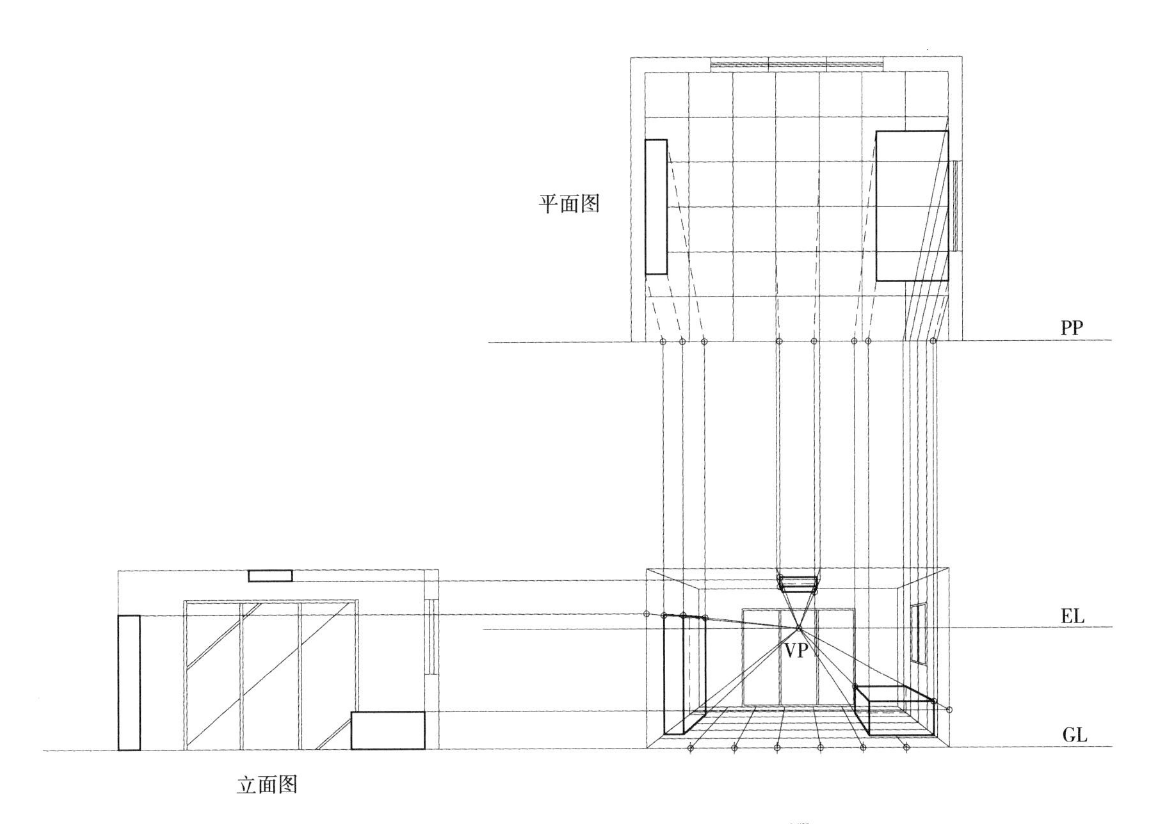

图4-19

三、一点透视测点作图法

一点透视测点法是利用平行于画面放置的正方形对角线（45°）的消失点来求取透视深度的方法，依靠测点（M）可简便地把物体对象的深度转移到透视线上，又不需要立点（SP），测点法又称45°法。又由于消失点（VP）到测点（M）的距离等于画面（PP）到立点（SP）的距离，因此又称等视距点法。利用测点法可不必配置平面图，也不需设置立点（SP），只需要定出基线（GL）、视平线（EL）、消失点（VP）、测点（M）和测线（ML），就可直接根据物体对象的实际尺寸求出其透视深度。

一点透视测点作图法的基本作图步骤：

这里为了说明起见，仍将平面图布置出来。

步骤一：

首先按前述一点透视作图法求得a、b、c、d实长点，如图4-20。

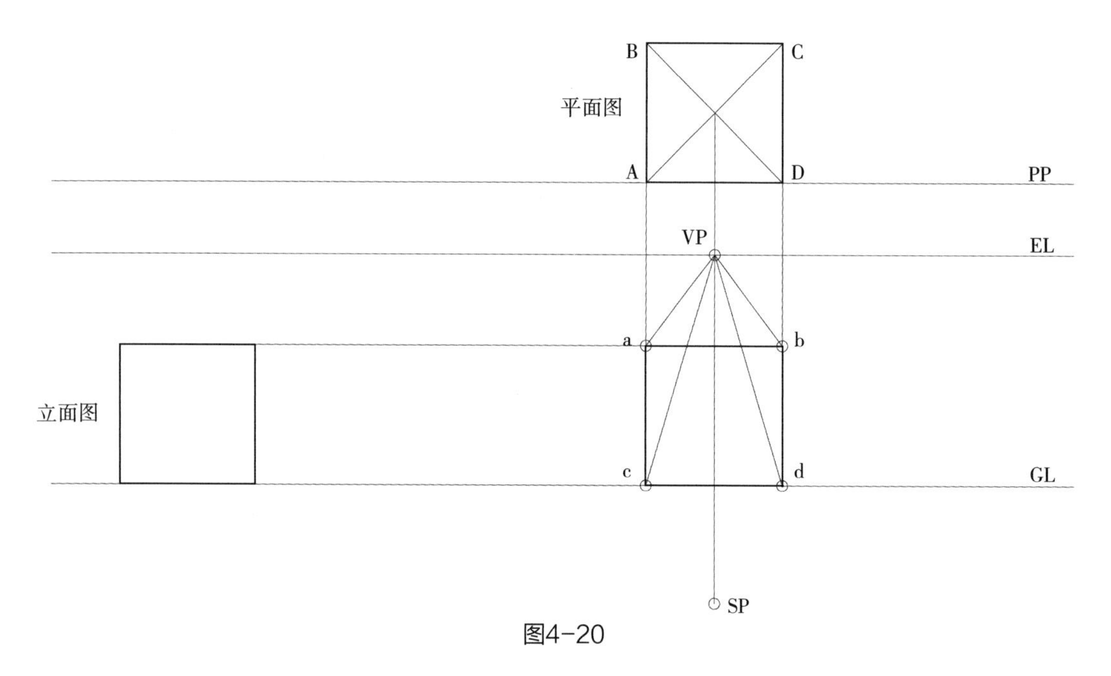

图4-20

步骤二：

过立点（SP）作平行于物体对象正方形对角线的直线，即作45°直线，交画面（PP）于X点，过X点向下作垂线交于视平线（EL）上的M点，此M点即为测点，如图4-21。

步骤三：

过d点向测点（M）连线，便得到平面图上对角线的透视线，它和c点与消失点（VP）的透视线相交于g点，即定出正方体的深度尺寸。一确定深度后，对于一点透视即平行透视来说，其他连线就容易作了，无非是平行、垂直和透视线的关系而已。重复以上步骤即可完成其他内容如地面方格，如图4-22。

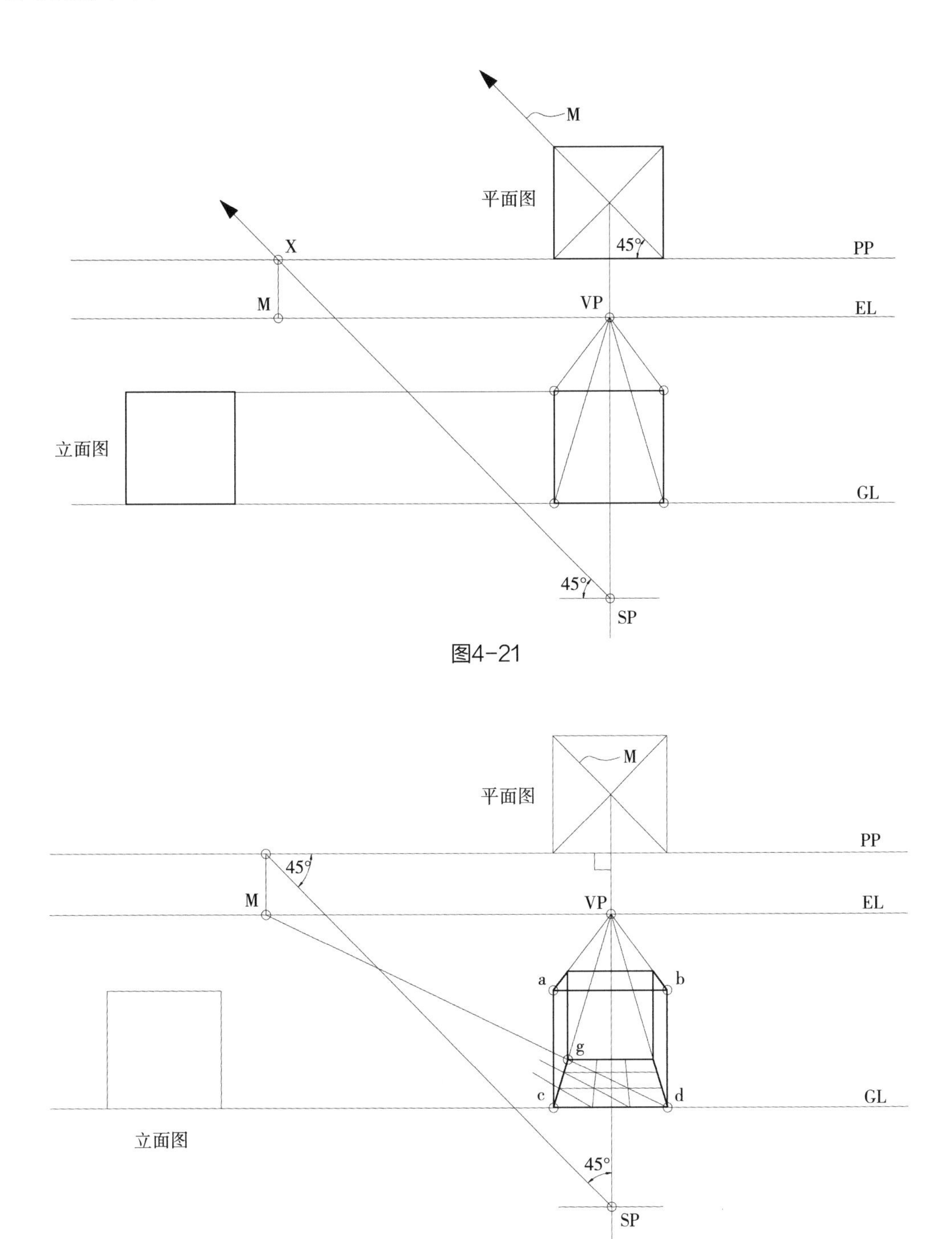

图4-21

图4-22

测点（M）到消失点（VP）的距离等于立点（SP）到画面（PP）的距离，所以在实际作图时，就不用再作平面图和立点（SP），只需从消失点（VP）按视距量出测点（M）的位置即可。

四、一点透视测点作图法实例

以图4-23室内设计图为例：

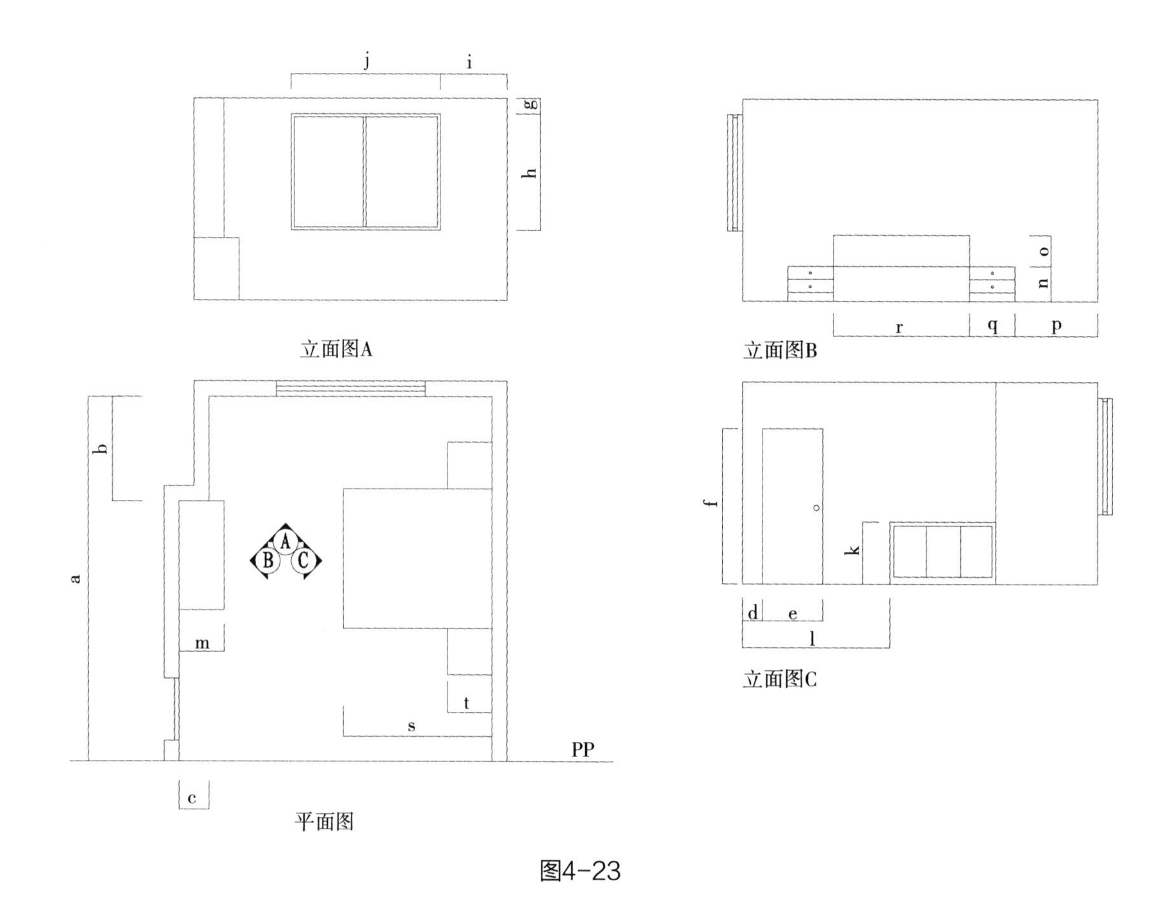

图4-23

步骤一：

1. 确定基线（GL）和视平线（EL），将物体对象与画面（PP）相贴的反映真实尺寸的立面置于基线（GL）上。

2. 在立面图内视平线（EL）上任意定出消失点（VP），并根据测点的确定原则（VP点到M点的距离等于PP面到SP点的距离）在视平线上VP点的左侧设定测点（M）。

3. 过立面图的四个顶点向消失点（VP）作透视线，从立面图的左下角A点（在基线上）向右量出a、b、c物体对象的深度和宽度点。a、b点与测点（M）连线求物体对象的深度；c点直接与消失点连线求其宽度，然后过其与物体对象的透视线交点作平行和垂直线相连接，即得出物体对象透视效果，如图4-24。

步骤二：

1. 从立面图左下角A点向右量出d、e门宽的实长，向上量出f门高的实长点，过f点直接向

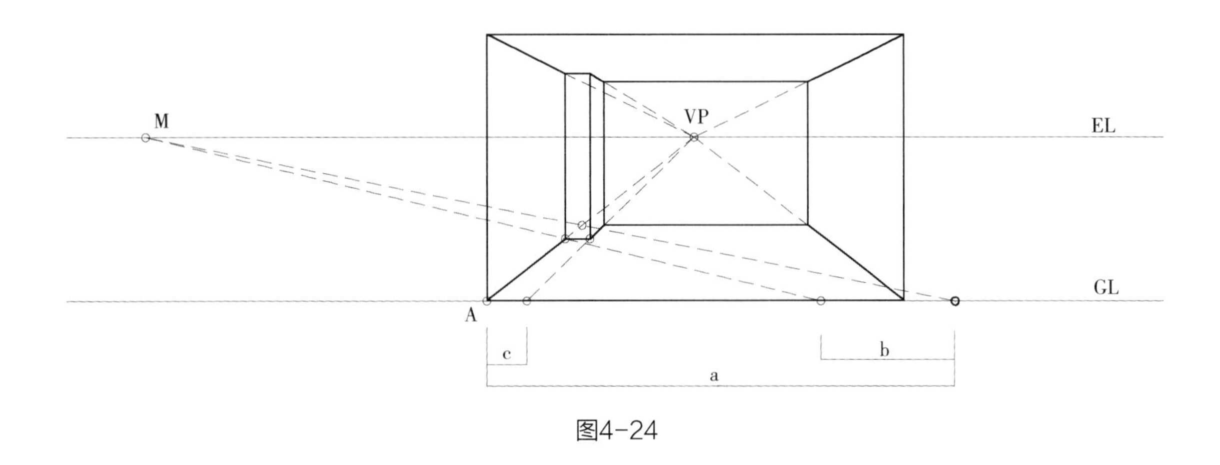

图4-24

消失点连线求门高度，过d、e点向测点连线与墙体透视线相交，并由该交点向上作垂线与门高透视线相交得出门的具体透视位置。

2. 从立面图的右上角B点向下量出窗户的高度实长点g、h，向左量出窗户的宽度实长点i、j，过各点向消失点（VP）引画透视线将窗户的宽度和高度实长转移的内墙透视面上，然后由该交点向左和向下引画平行和垂直线，即得窗户在内墙上的具体透视位置，如图4-25。

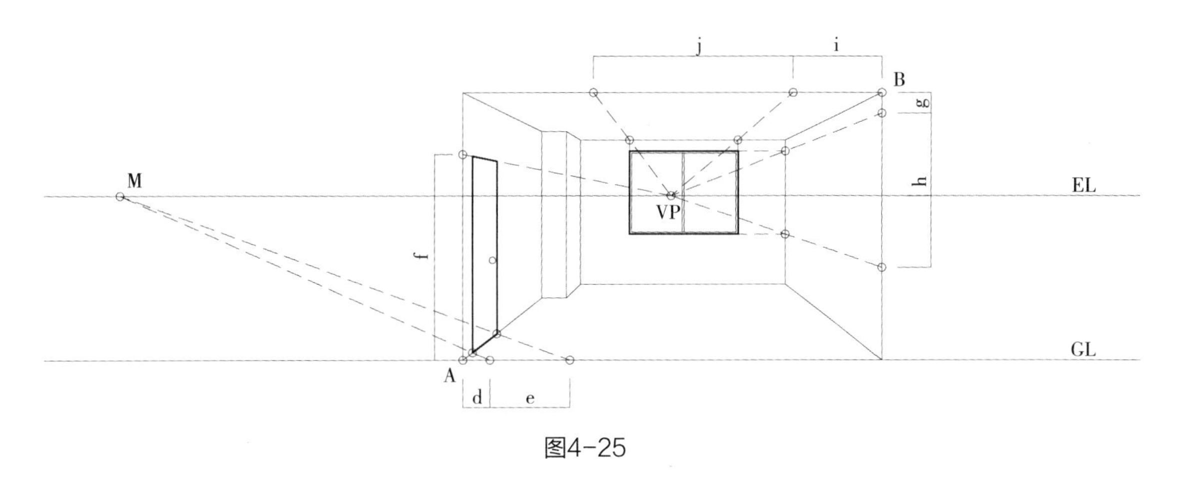

图4-25

步骤三：

1. 从立面图左下角A点向右量出l、m的实长点，向上量出k的高度实长点，将k实高点和m实宽点直接与消失点（VP）连线求其高和宽，将l深度实长点与测点（M）连线求其深度交点，过该点作平行和垂直线相交，即得柜体的透视位置，如图4-26。

2. 同理，从立面图右下角C点向左量出宽度实长（直接与VP点连线），向右量出深度实长（与M点连线），便可通过与相应的透视线相交求得物体对象的透视位置，如图4-27。

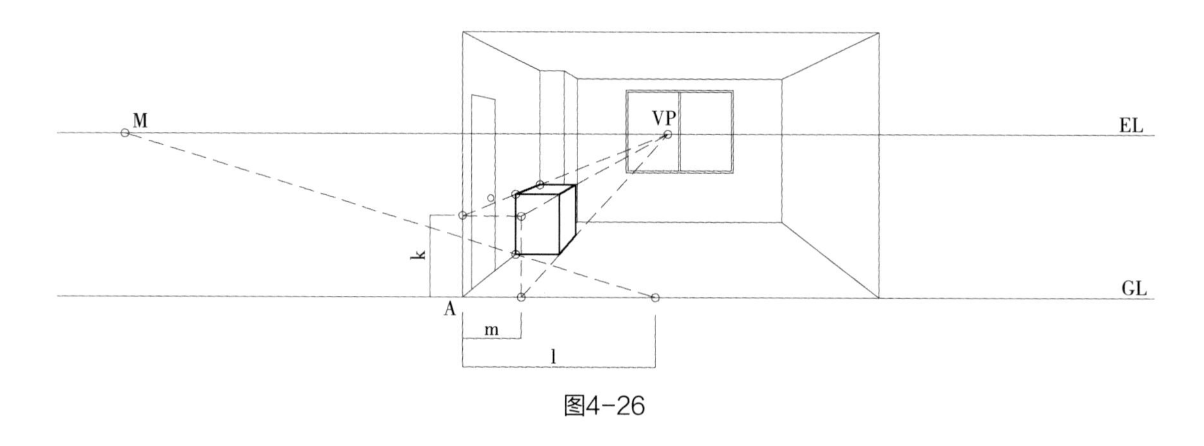

图4-26

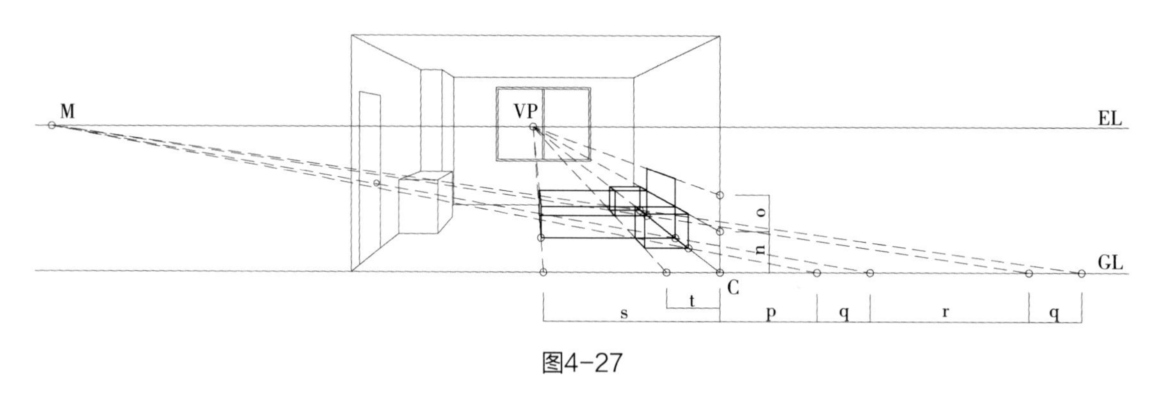

图4-27

五、两点透视（成角透视）作图法

物体对象与画面（PP）形成角度，可同时看到两个侧面，两个侧面的平行线分别在视平线（EL）上消失在两个点，物体对象中的垂直线在透视图中依然垂直，无消失点。两点透视中的物体一般采用和画面（PP）30° 和60° 的关系，这样在视觉上最自然。通常立点（SP）应大致在物体对象中央的垂线上最为理想，如图4-28。

步骤一：

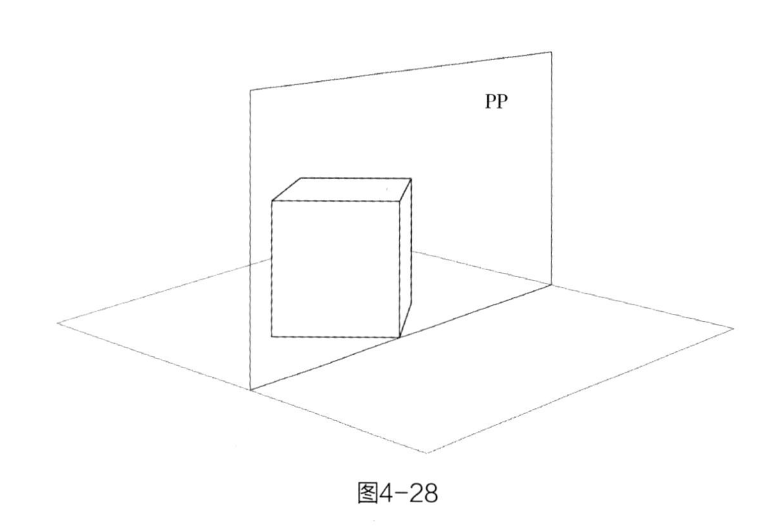

图4-28

1. 按设定的角度放置平面图，将立面图置于基线（GL）上。

2. 由平面图与画面（PP）接点A向下作垂线，并在该线上设定立点（SP）。

3. 过立点（SP）作平行于AB和AD的直线，与画面（PP）交于X和Y点，再由该点向下作垂线和视平线（EL）交于VP_1和VP_2即消失点。

4. 接下来从立面图引画高度连线得到a_1a_2实长，如图4-29。

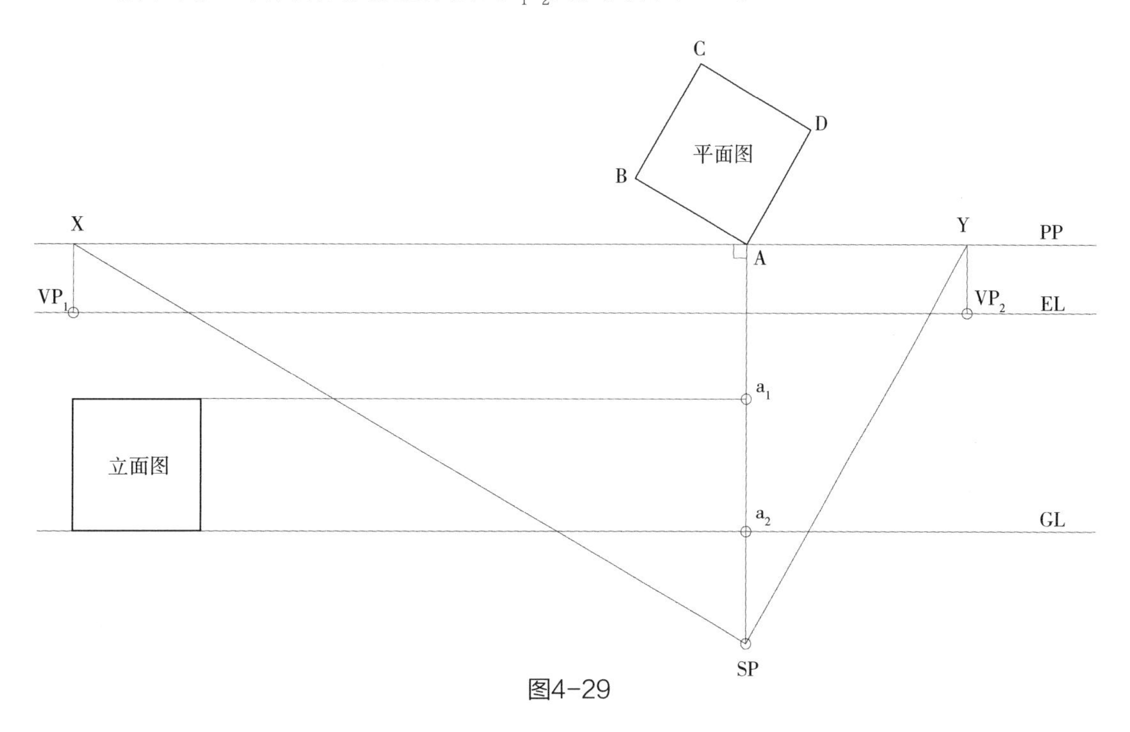

图4-29

步骤二：

1. 由a_1a_2点向VP_1和VP_2引画透视线，过SP点引画平面图各点A、B、C、D的脚线（FL）。

2. 自脚线（FL）和画面（PP）的交点b、c、d向下作垂线，如图4-30。

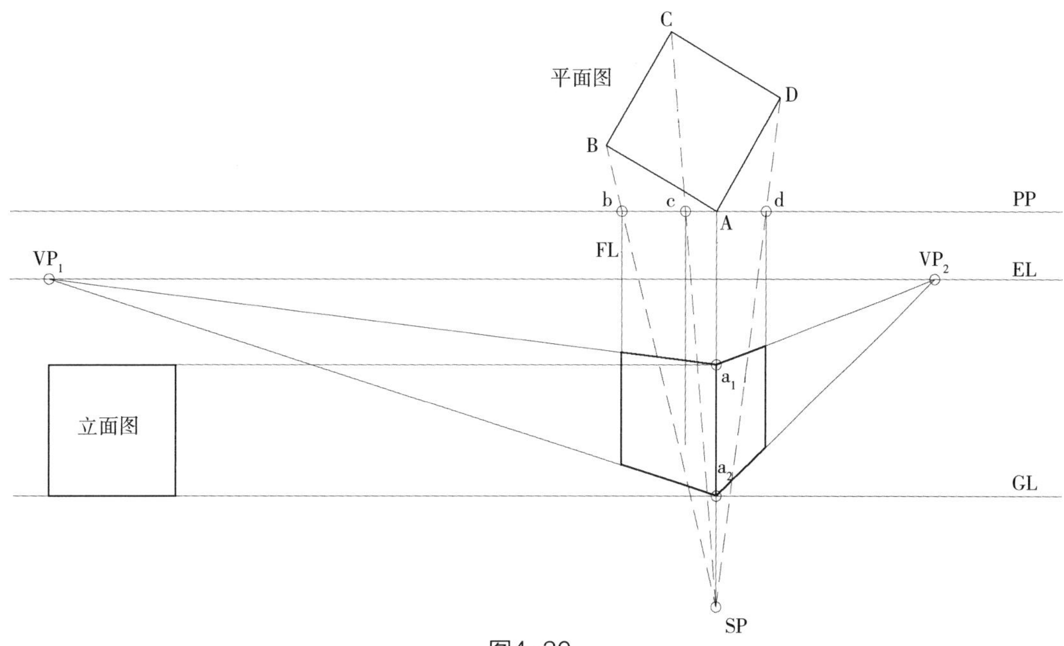

图4-30

步骤三：

上述垂线分别与两组透视线交得b_1b_2和d_1d_2点，再由上述各点分别向其消失点（VP_1和VP_2）作透视线，进一步得到c_1c_2点。至此物体的透视图完成，如图4-31。

注：若物体对象立方体前方的棱不在画面（PP）上，则延长BA到画面，向下作垂线取实长，连接透视线，同样用脚线取得其透视位置及长度，如图4-31。

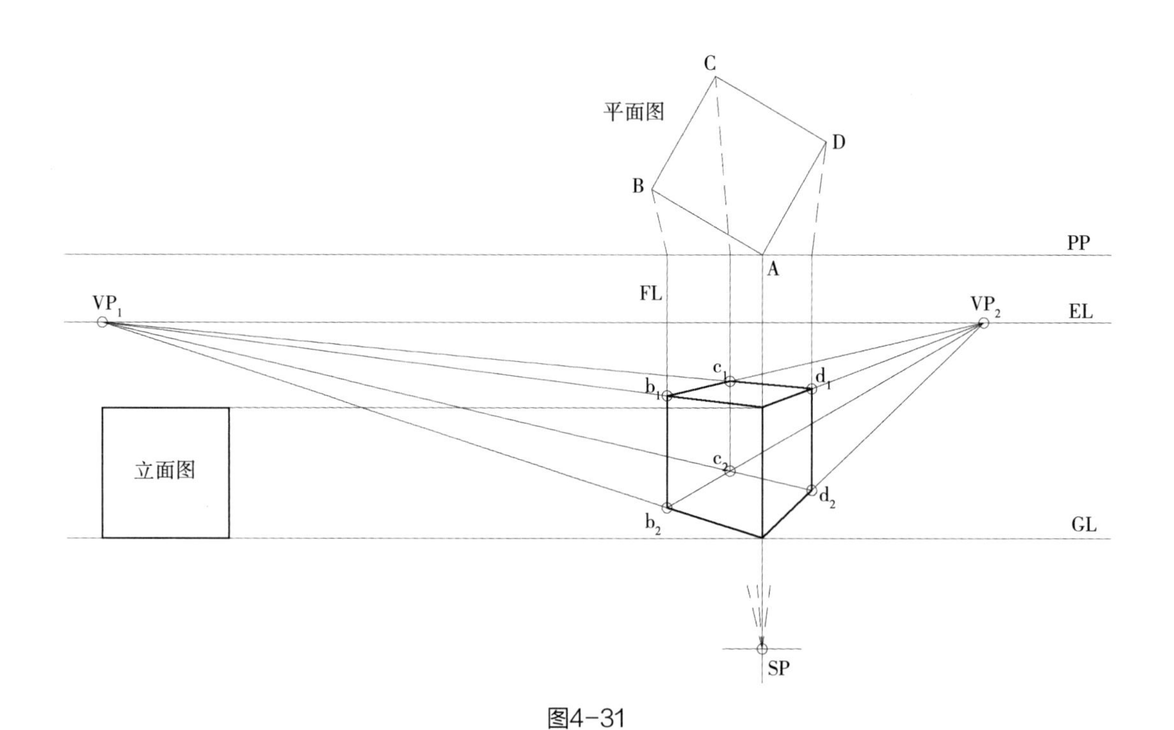

图4-31

六、两点透视作图法实例（如图4-32）

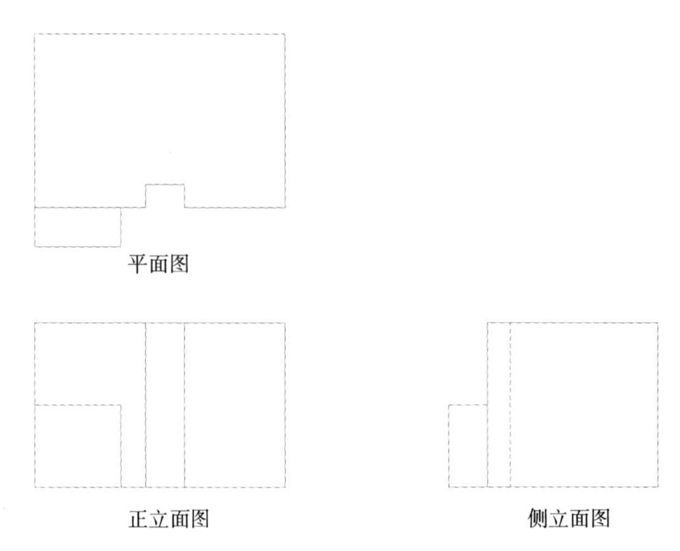

图4-32

步骤一：

1. 按设定的角度放置平面图。

2. 设定基线（GL）和视平线（一般在GL线上1.5m处），将立面图放置在基线（GL）上。

3. 设定立点（SP），在视平线（EL）上求出消失点VP_1和VP_2，如图4-33。

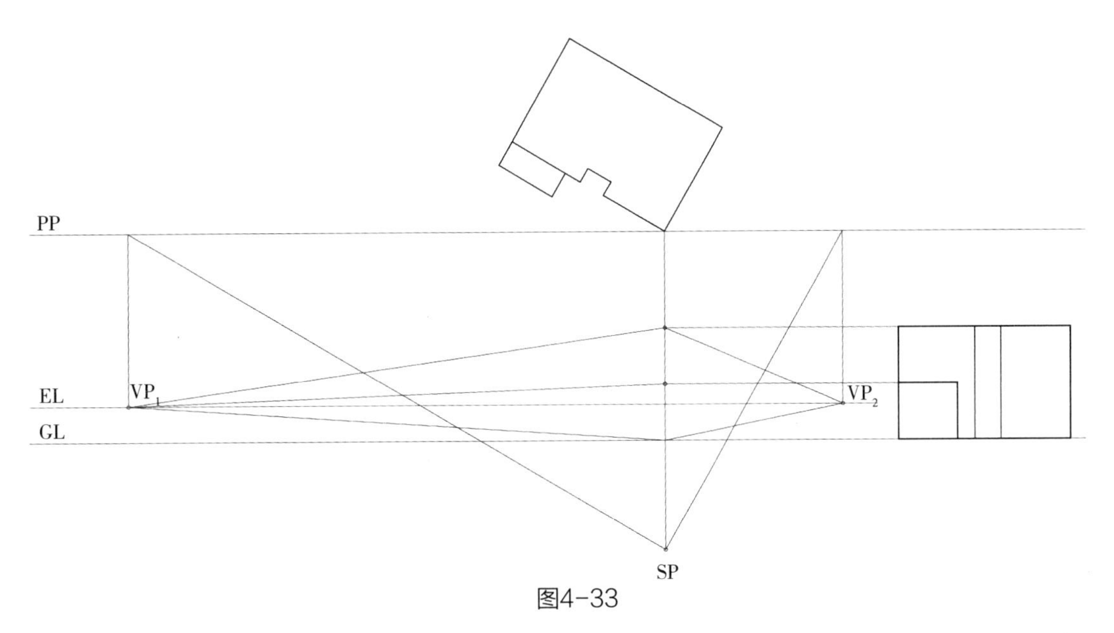

图4-33

4. 从立面图上引画出高度测线到视轴线上，并由与视轴的交点向VP_1和VP_2引画透视线。

步骤二：

在由平面图上各主要点向立点（SP）引画脚线，自它们与画面（PP）交点向下作垂线，由这些垂线与透视线的交点先求出建筑物体上大的轮廓透视型的位置，如图4-34。

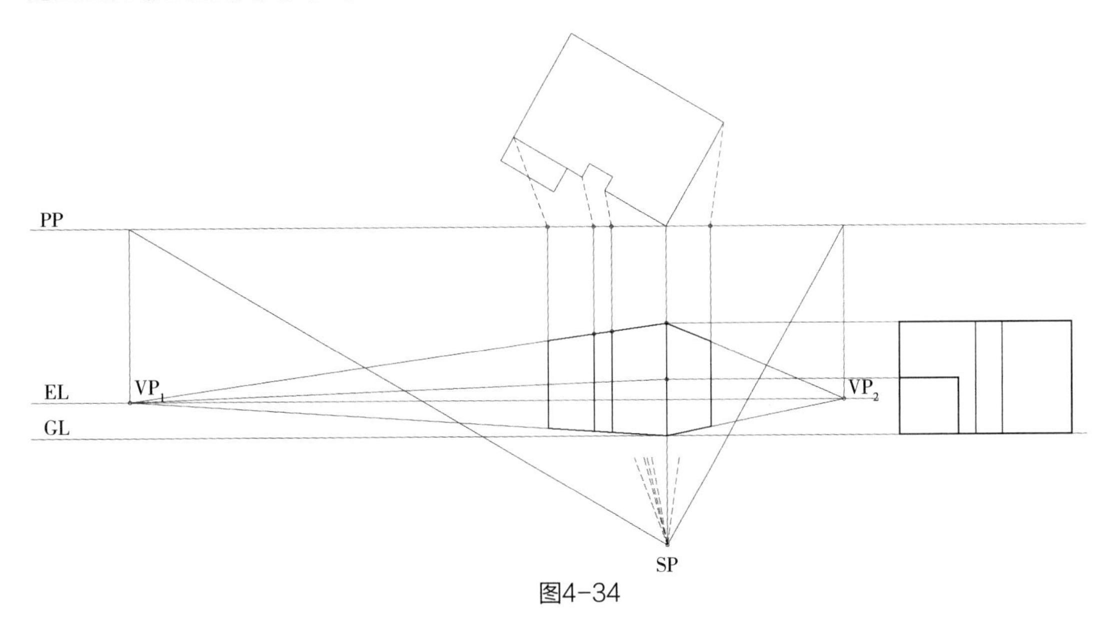

图4-34

步骤三：

由以上主要点引画相应的透视线，进一步在与相应的垂线交点求出凹凸部的透视位置，最后连接其透视线完成其外观透视图，如图4-35。

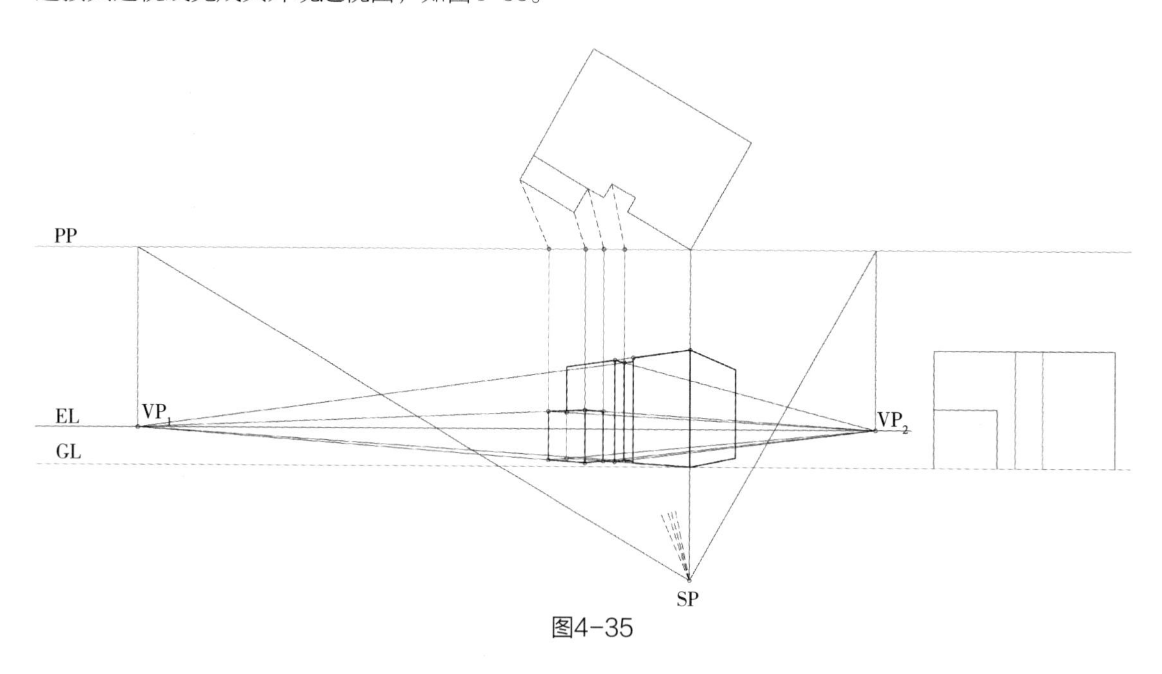

图4-35

七、两点透视测点作图法

两点透视测点法的原理基本上等同于一点透视测点法，即求得测点（M），把实长测度转移到透视线上。一点透视测点法只有一个测点（M），两点透视测点法有两个测点（M），即一个消失点（VP）对应一个测点（M）。

其作图步骤如下：

步骤一：

1. 按设定的角度放置平面图，将立面图置于基线（GL）上。

2. 由平面图与画面（PP）接点A向下作垂线，并在该线上设定立点（SP）。

3. 过立点（SP）作平行于AB和AD的直线，与画面（PP）交于X和Y点，再由该点向下作垂线和视平线（EL）交于VP_1和VP_2即消失点。

4. 接下来从立面图引画高度实长于视轴线上，并向消失点VP_1和VP_2作透视连线。

5. 以A为中心、AB为半径画圆弧交画面（PP）于B_1，AB_1为平面图上AB的实长，ABB_1为等腰三角形，B_1B直线便是测算AB透视深度的测线，其消失点指向M。

6. 过立点（SP）作平行于B_1B的直线，交画面（PP）于Z，由Z向下作垂线和视平线

（EL）交得测点M_1，如图4-36。

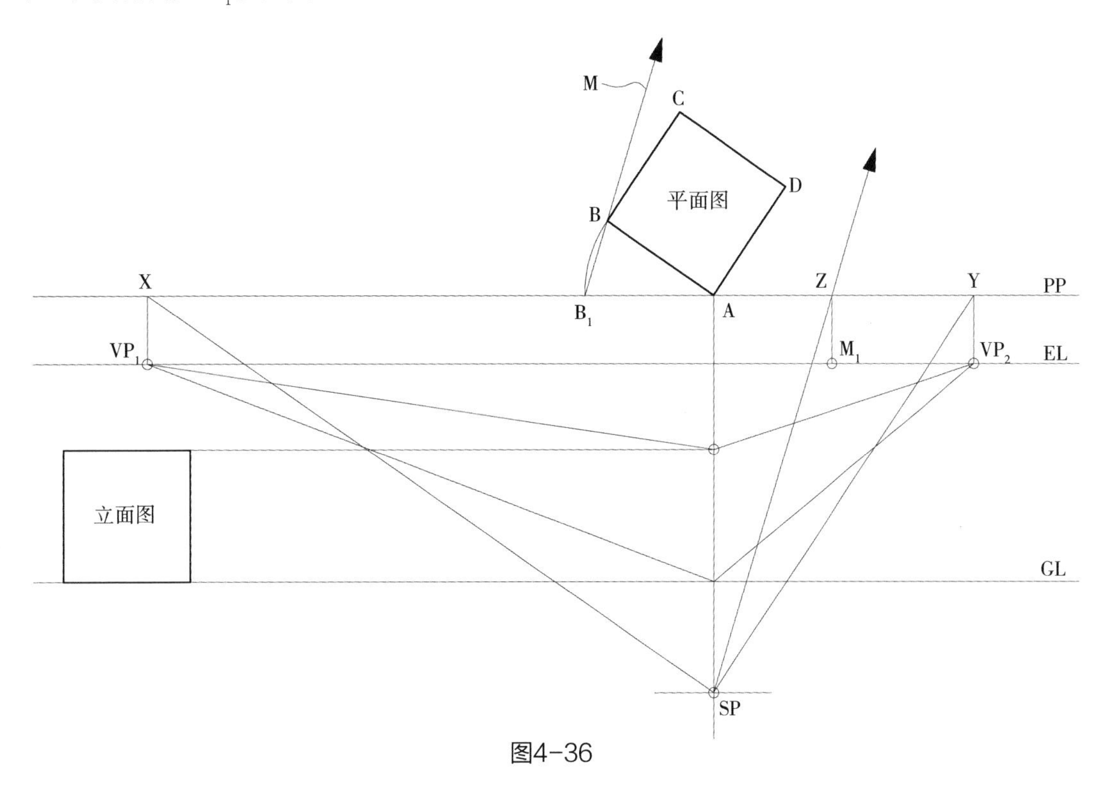

图4-36

步骤二：

在基线（GL）上取AB的实长aB_2，连接B_2至M_1与a和VP_1的透视线交于b，ab便是AB的透视深度。即M_1是把测度转移到透视线上去的测点，如图4-37。

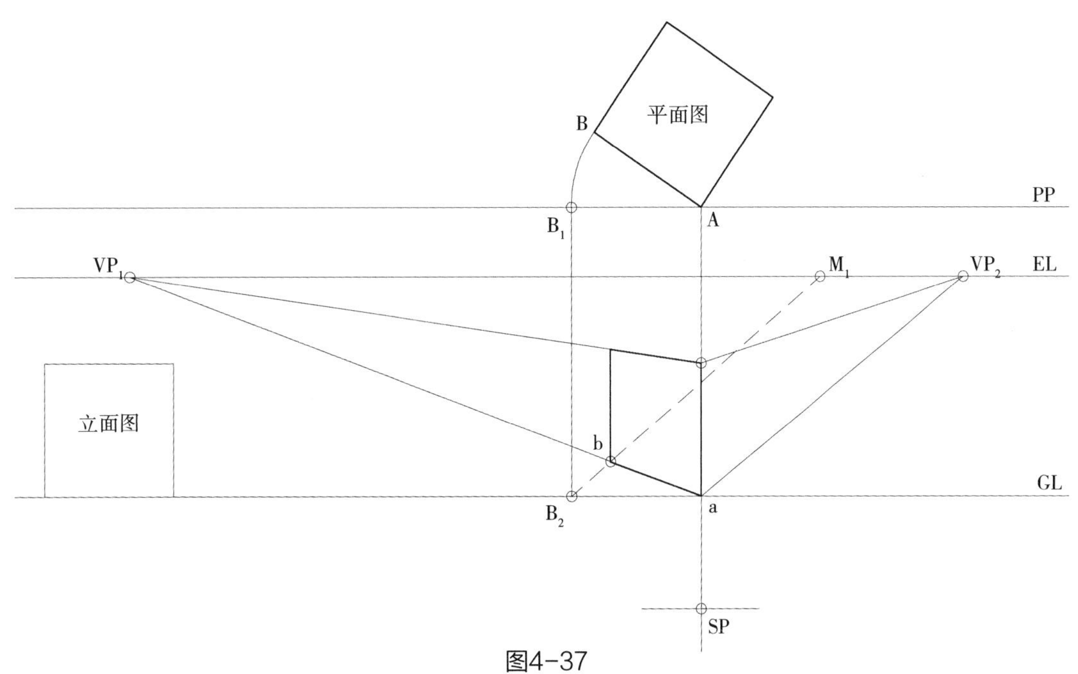

图4-37

步骤三：

同理求取测点M_2，由它把AD测度转移到a和VP_2的透视线上而得ad，进一步构成物体的透视图，如果aD_2需要分割，其透视也借助M_2所得，如图4-38。

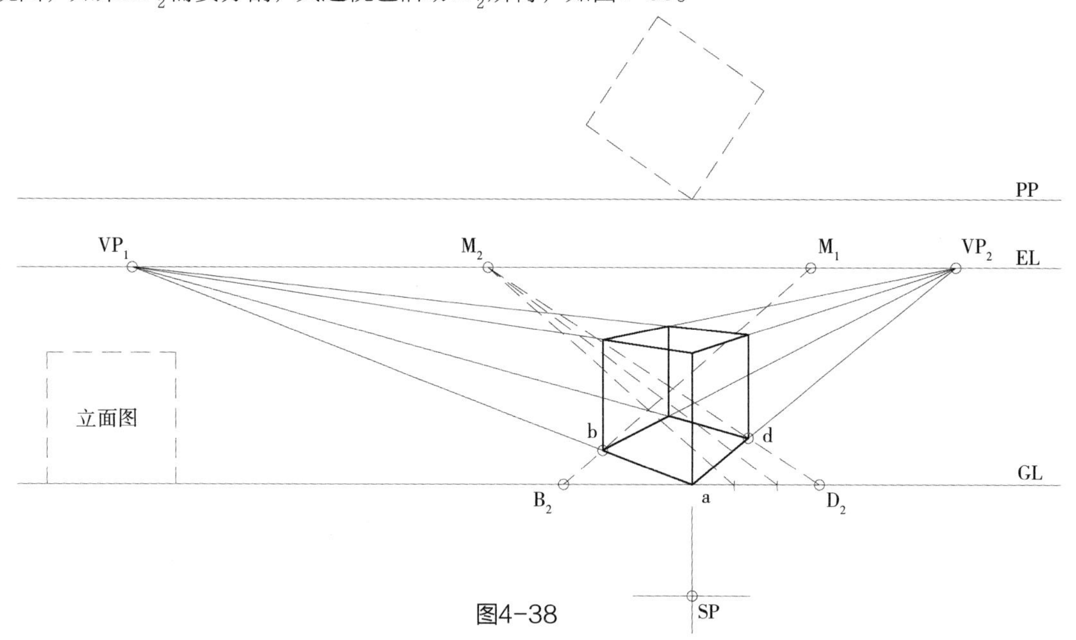

图4-38

步骤四：

VP_1、SP、VP_2连成直角，因此立点（SP）必须在消失点VP_1和VP_2的直径圆上，又因B_1B和SP与M_1的连线平行，所以VP_1SPM_1也是等腰三角形，自VP_1到SP到M_1的距离是相等的，VP_2到SP到M_2的距离也是相等的，如图4-39。

从以上作图原理中可以得出两消失点测点法的测点（M）和立点（SP）的求法规律是：立点（SP）在VP_1和VP_2为直径的圆弧上，VP_1SP VP_2连成直角，VP_1和M_1的距离等于VP_1和SP的距离，VP_2和M_2的距离等于VP_1和SP的距离，因此在实际作图中可直接量取。

八、二点透视测点作图法实例（外观）

如图4-40、图4-41所示设计图为例：

步骤一：

1. 取正立面图放在基线（GL）上，在GL线向上1.5m处作视平线（EL）。

2. 任意决定消失点VP_1和VP_2（两点距离和SP点远近有关）两点，并取其中点0。

3. 以O为中心到VP_2为半径作半圆。

4. 在立面图右端向下作延长线j与半圆交点为立点（SP）。

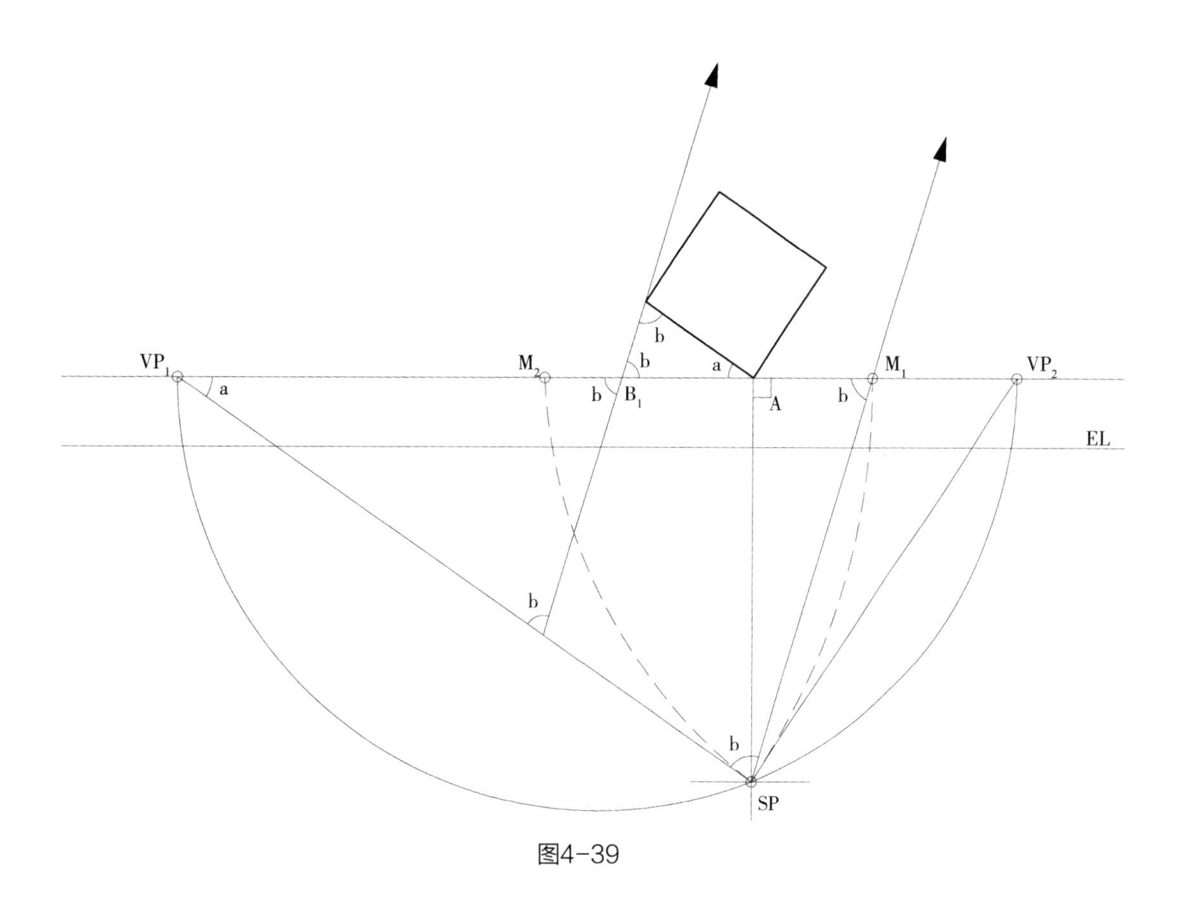

图4-39

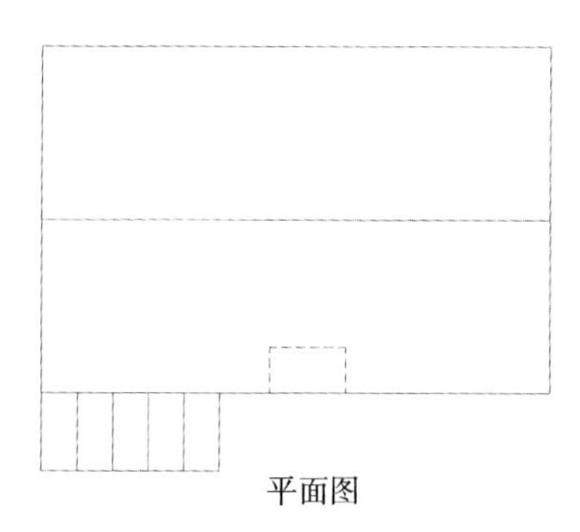

平面图

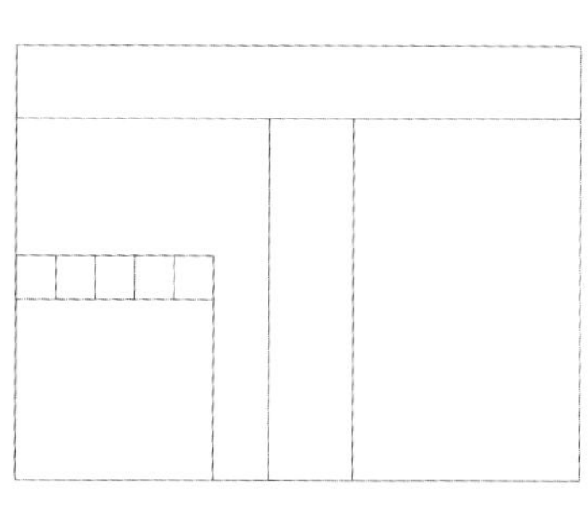

正立面图

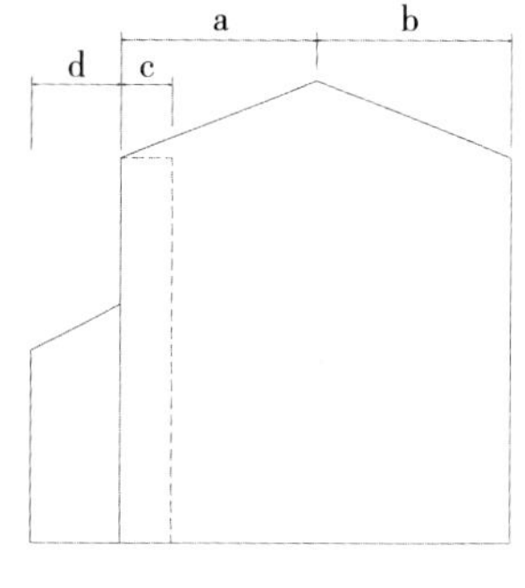

侧立面图

图4-40

5. 分别以VP_1和VP_2为中心，VP_1到SP和VP_2到SP为半径作圆弧，在视平线（EL）上交于M_1和M_2点，即为测点，如图4-41。

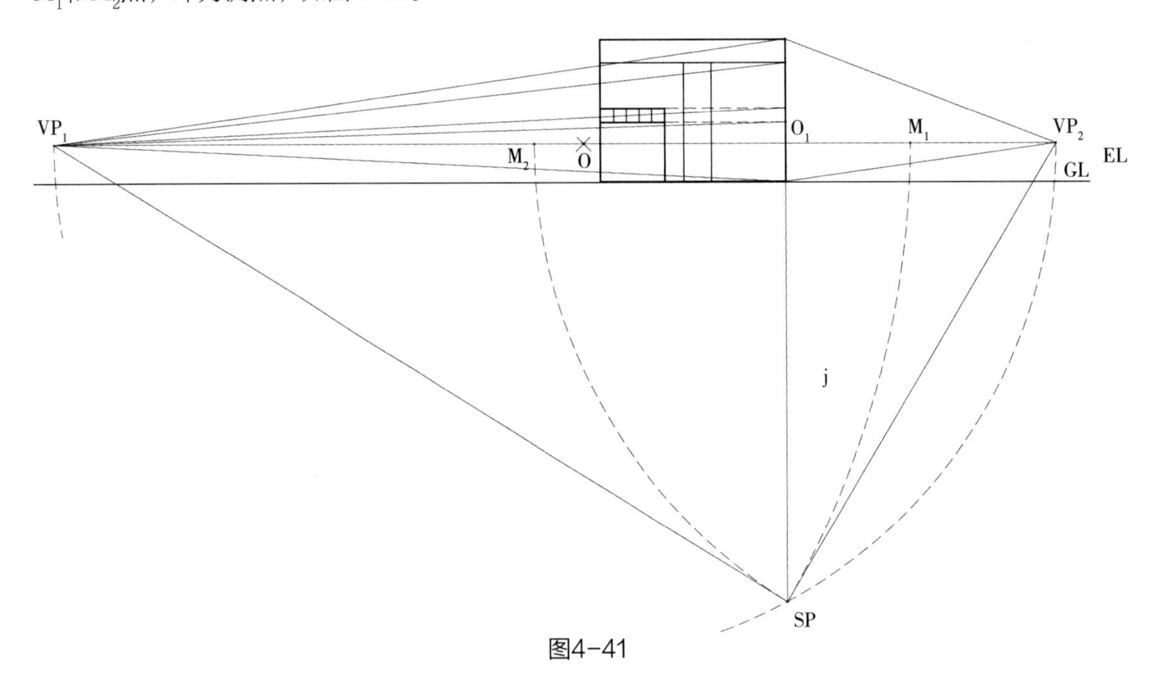

图4-41

步骤二：

1. 引画平行于视平线（EL）的直线g。

2. 把正立面图上的主要点垂直投于g线上，即把实长转移到g线上。

3. 在g和视轴j交点O的右测量取建筑物体右侧立面图的实长a、b、c，但突出于正面的长度d则往O点的左侧量取。

4. 连接M_1和正面实长的主点、M_2和右侧面的实长点，然后把测度转移到透视线上，d测度转移时反向（背向M_2）截取，如图4-42。

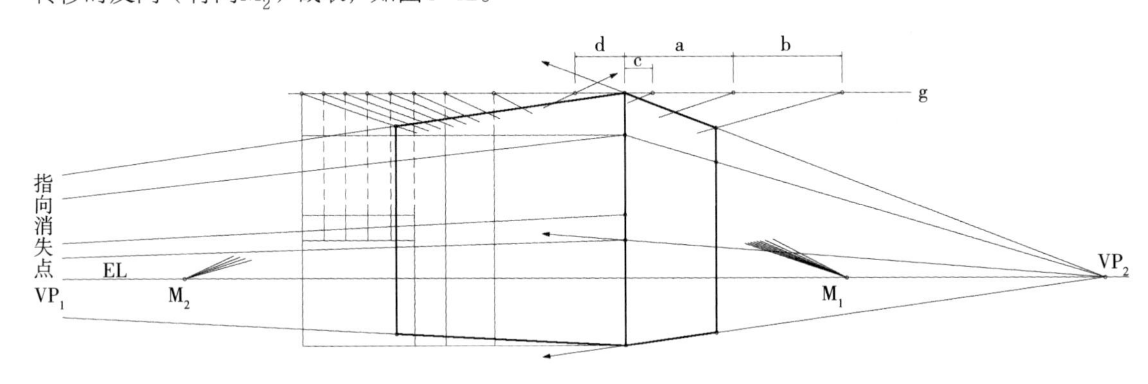

图4-42

步骤三：

1. 由转移到透视线上的各点向下作垂线，与其相应的透视线交出透视位置。

2. 至于斜面部分，可由各顶点连接而成，如图4-43。

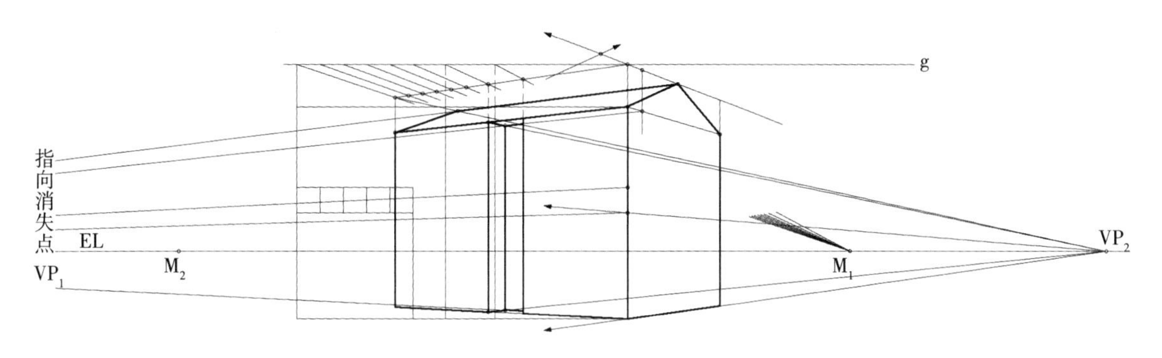

图4-43

步骤四：

擦去不需要的线，完成，如图4-44。

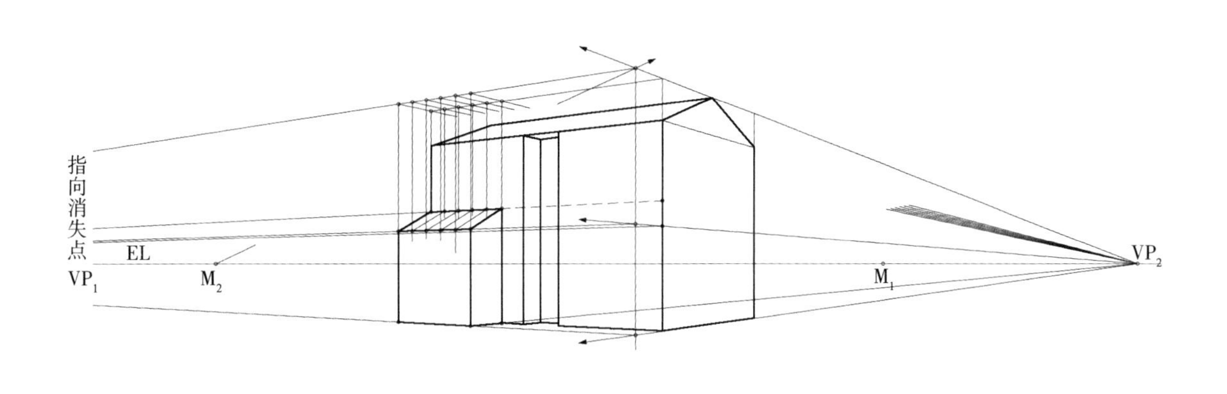

图4-44

九、三点透视基本作图法

如果对正面、侧面都能看到的物体，采用仰视和俯视（鸟瞰）的透视图形式，那么物体对象的竖线不垂直于视轴，便在上方或下方聚集于一个消失点，即在两个消失点上还多加一个消失点。三点透视在大型的鸟瞰图方面用得较多。但由于对象繁多和环境复杂，严格的作图法并不实用，常用简化作图法，不过简化作图法仍以基本的透视原则为基础。

一点透视和两点透视的图面都是垂直于地面的，亦即平行于建筑物体对象的主要构造棱线。在作俯视图时视轴倾斜而图面竖直，便会产生不自然的畸形，因此图面也要倾斜与视轴垂直，这就出现了第三个消失点。

必须明白，一点、两点、三点透视的名称只是对于物体对象三个主要垂直轴而言的，其他不和三个主轴平行的线也有消失点，如一点透视中斜摆的家具或特殊的斜壁等。

如图4-45所示的观察位置，其作图步骤如下：

步骤一：

先按两点透视测点法原理求出VP_1、VP_2、SP、M_1、M_2点并做出两消失点原形，然后在SP垂线的延长线上任意定出VP_3，如图4-46。

步骤二：

过VP_2引直线垂直于VP_1和VP_3的连线，在此线上按直角圆周角原理求出SP。再以VP_3为圆心，VP_3到SP为半径作圆弧交于VP_3至VP_1的线上得M_3测点。这一关系完全可以按照VP_1和VP_2的关系而理解，如图4-47。

步骤三：

两条垂线的交点O取作建筑物体对象和画面的接点，也是尺寸转移的基点。由O向消失点引

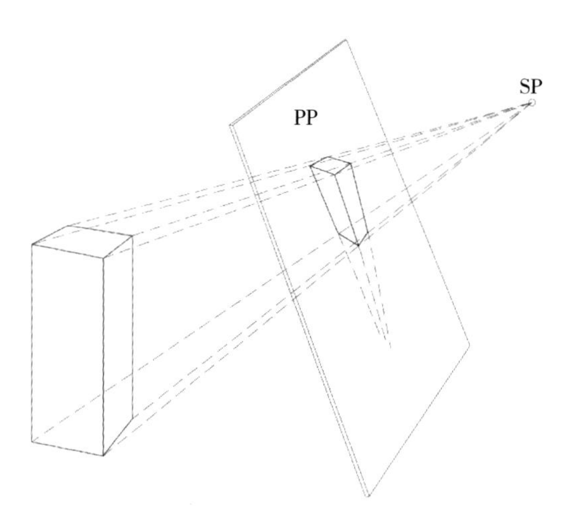

图4-45

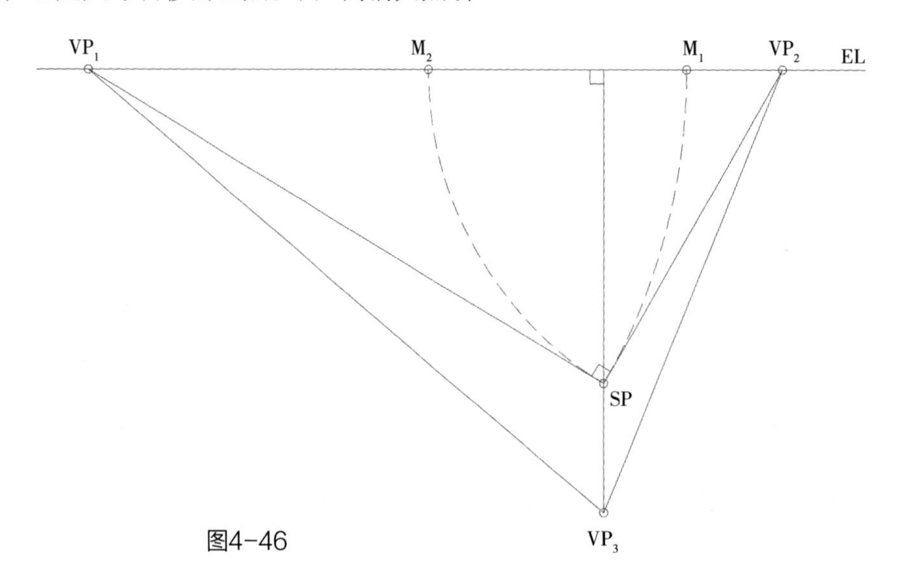

图4-46

画透视线，过O作平行于VP_1至VP_2的直线X线和VP_1至VP_3的直线Y线，X和Y线就是VP_1、VP_2、VP_3的透视线上实长的测度线。接下来在X和Y线上截取物体对象的边长OA、OB、OC点，再过其点分别与相应的测点连线交于透视线上，如图4-48。

步骤四：

通过侧线在透视线上截得长度，即得到深度的位置a、b、c点，进一步连接透视线，即完成正六面体的三点透视图。此外借测点（M）也可作各边的分割，如图4-49。

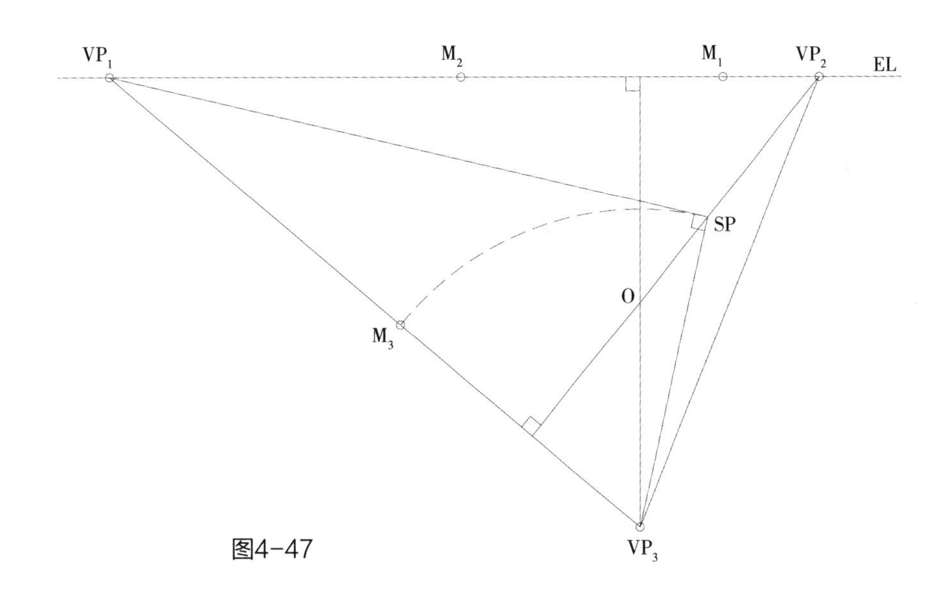

图4-47

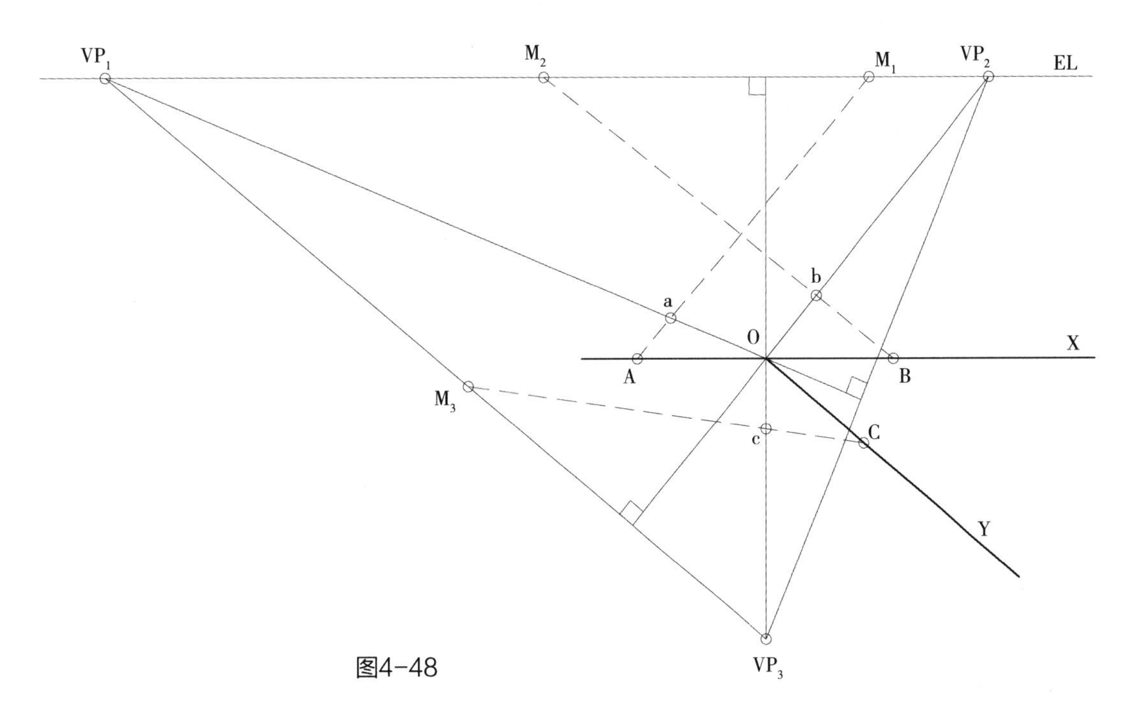

图4-48

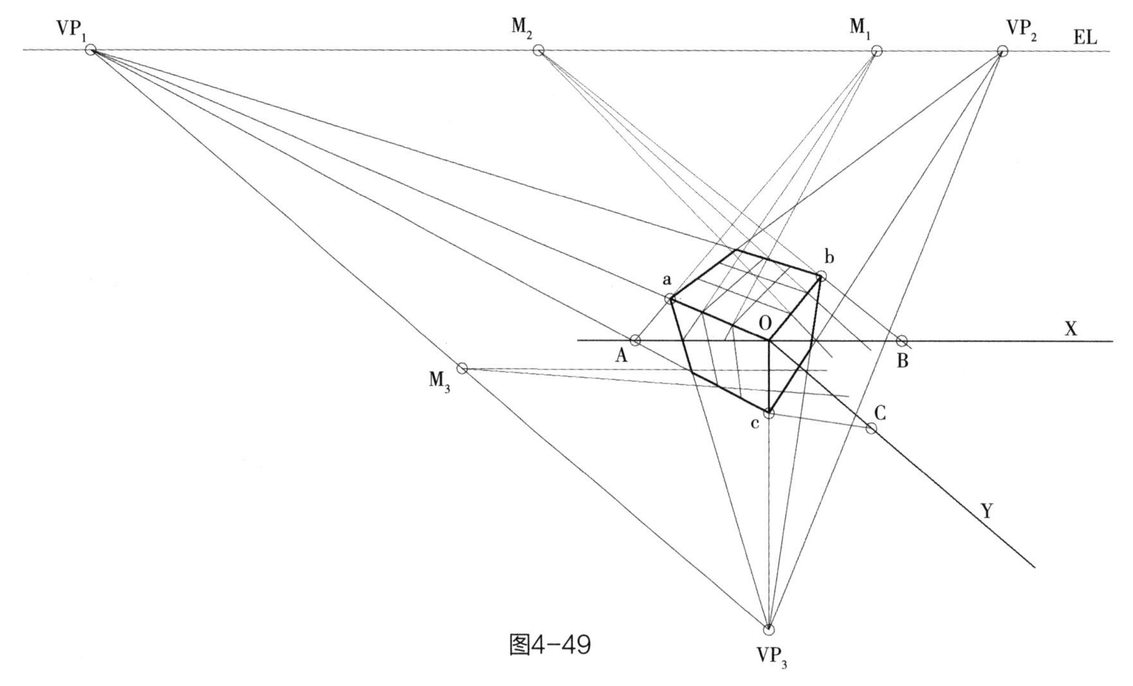

图4-49

十、三点透视基本作图法实例

以图4-50设计图为例：

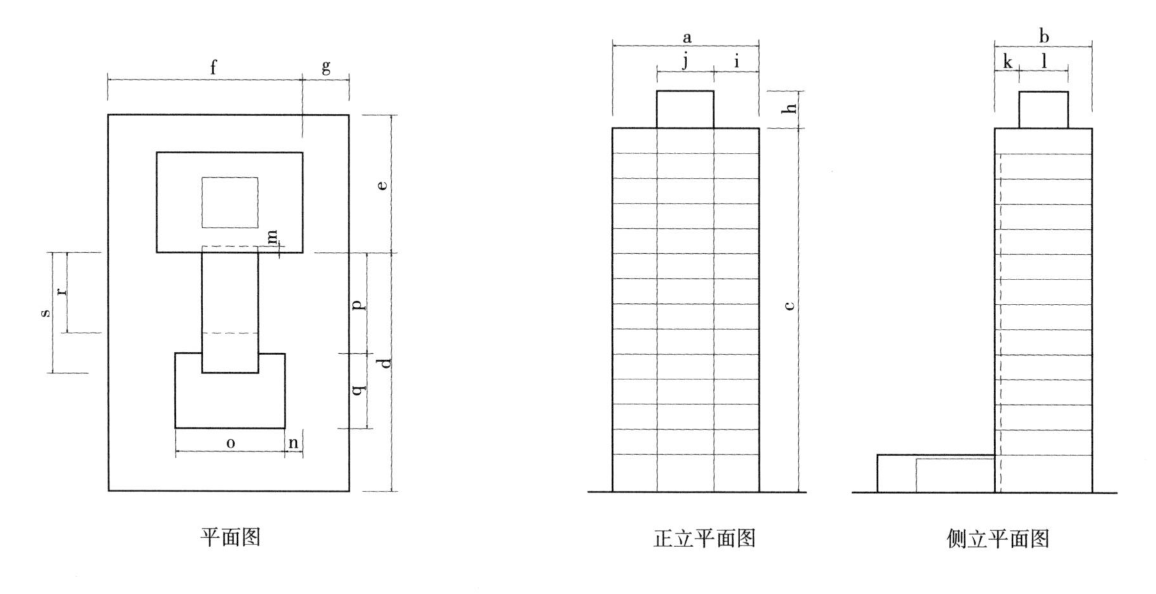

图4-50

步骤一：

1. 按基本步骤设定三个消失点及M点，再做出O点，引画X、Y线。

2. 在X、Y线上量取宽度Oa、深度Ob、高度Oc点。

3. 由各实长点连接相应的$M_1M_2M_3$测点，与透视线相交得a_1、b_1、c_1点，三维测度便转移到透视线上，如图4-51。

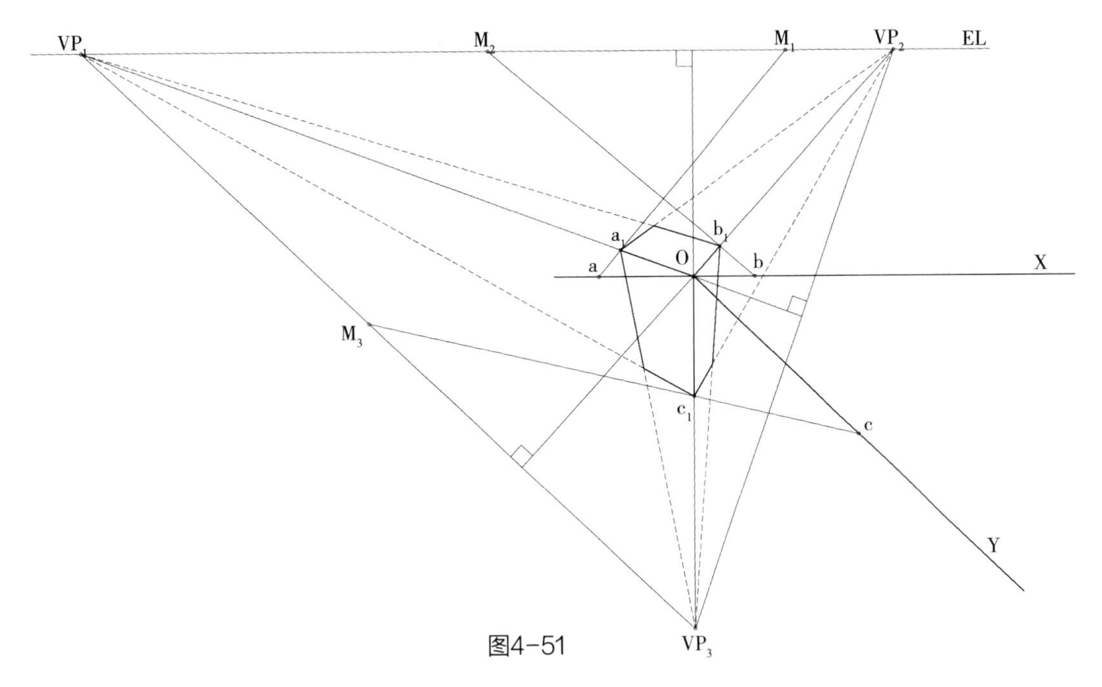

图4-51

步骤二：

1．把以O为基点的X线移向下端，变成以O_1为基点的X_1线，作为地面部分的测线。

2. 先在X线上量取地段长Od，过d点向VP_3作透视线，Od实长测度转移到地面O_1x_1线上，得O_1d_1点。

3. 连d_1到M_2反向延长与过O_1的O_1至VP_2透视线交于d_2，定出地段前端的位置。

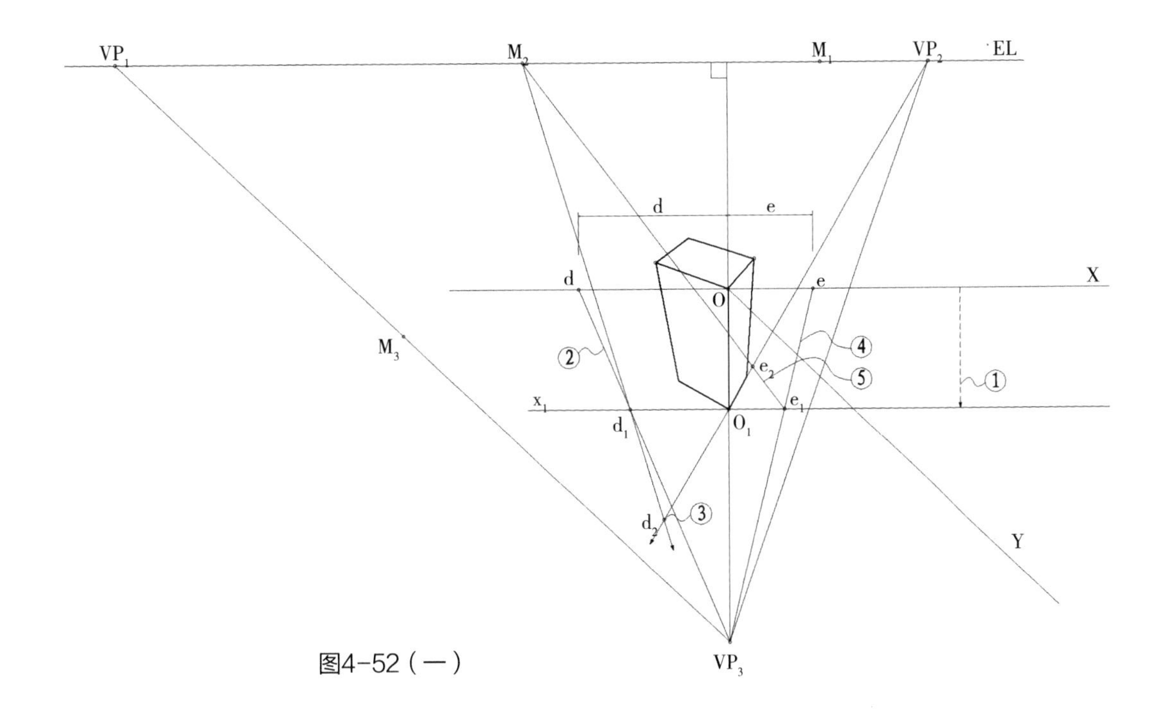

图4-52（一）

4. 相仿地把实长Oe测度转移到O_1X_1上为O_1e_1，再由M_2、可确定e_2，如图4-52（一）。

5. 地段横宽Of、Og的测度，也先转移到O_1X_1上得到f_1g_1，再利用M_1、定出g_2f_2地段及可得出，如图4-52（二）。

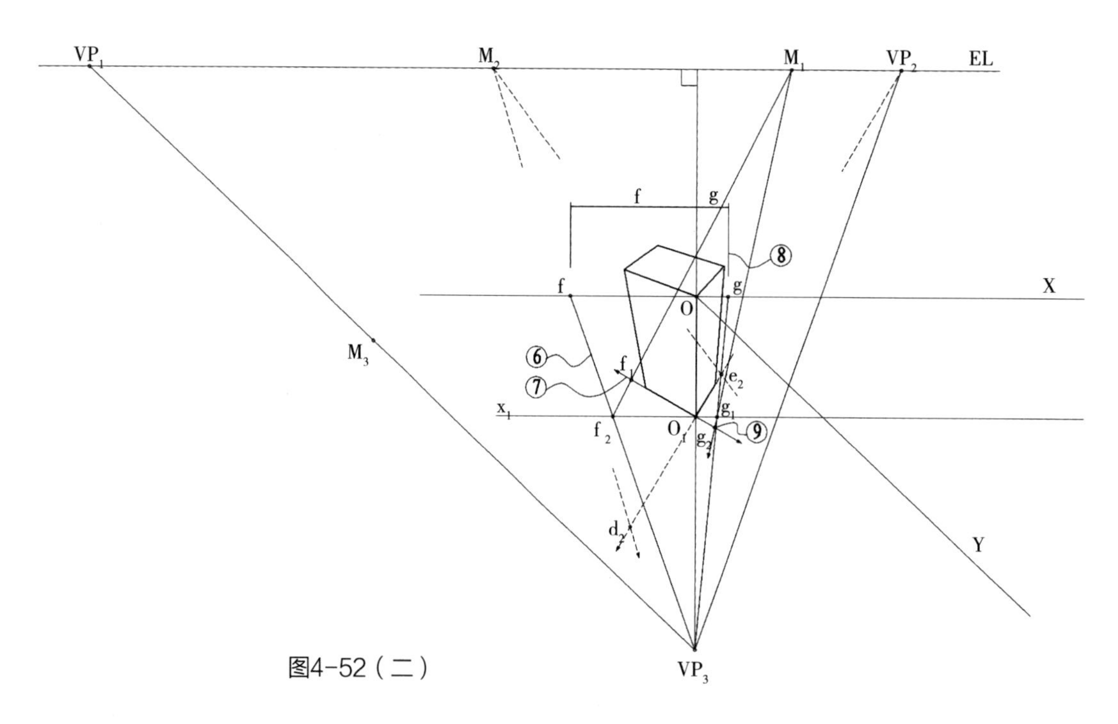

图4-52（二）

6. 在OY线反向取顶塔高Oh，连h和M_3，在VP_3透视线上取转移的Oh_1的测度。以后再通过透视线移向顶塔位置，如图4-52（三）。

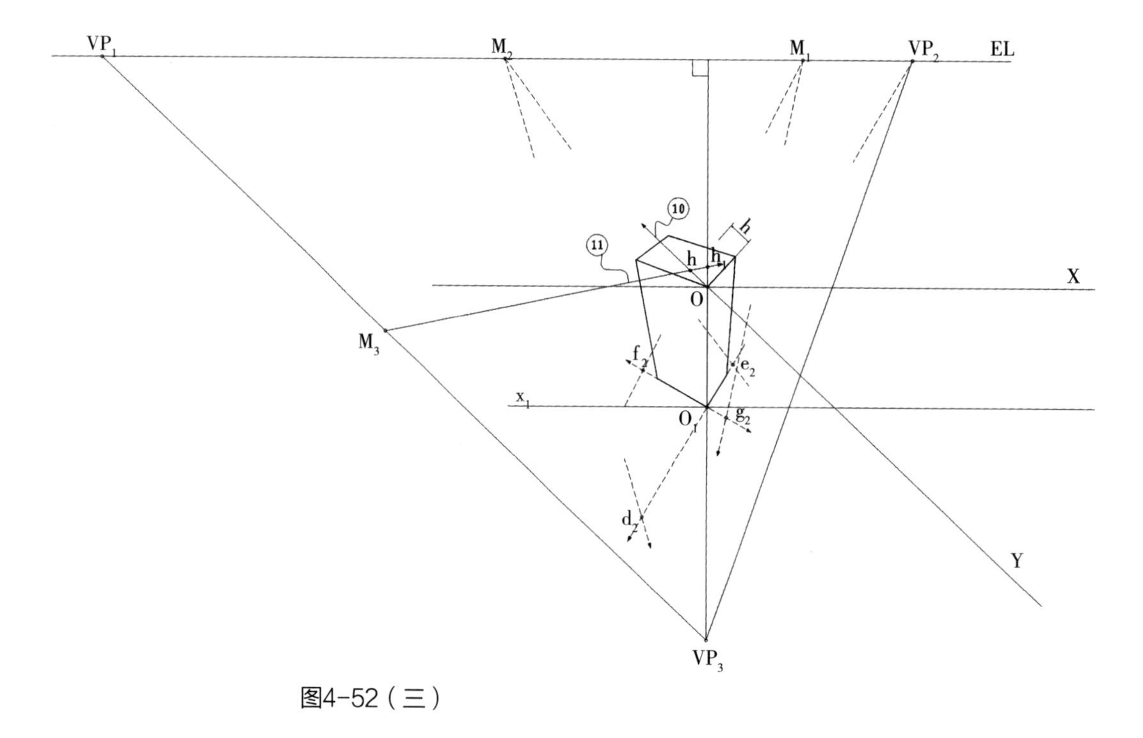

图4-52（三）

步骤三：

反复运用上述步骤，做出各细部，过各点与消失点（VP）连线完成，如图4-53。

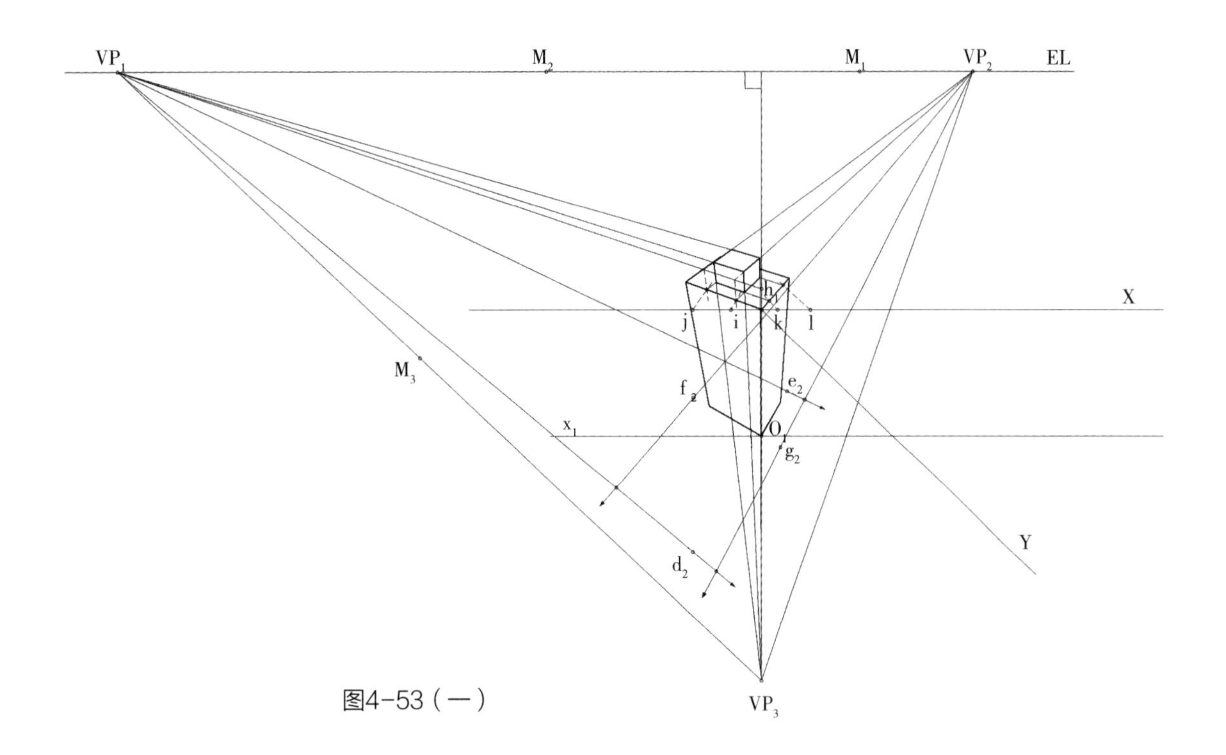

图4-53（一）

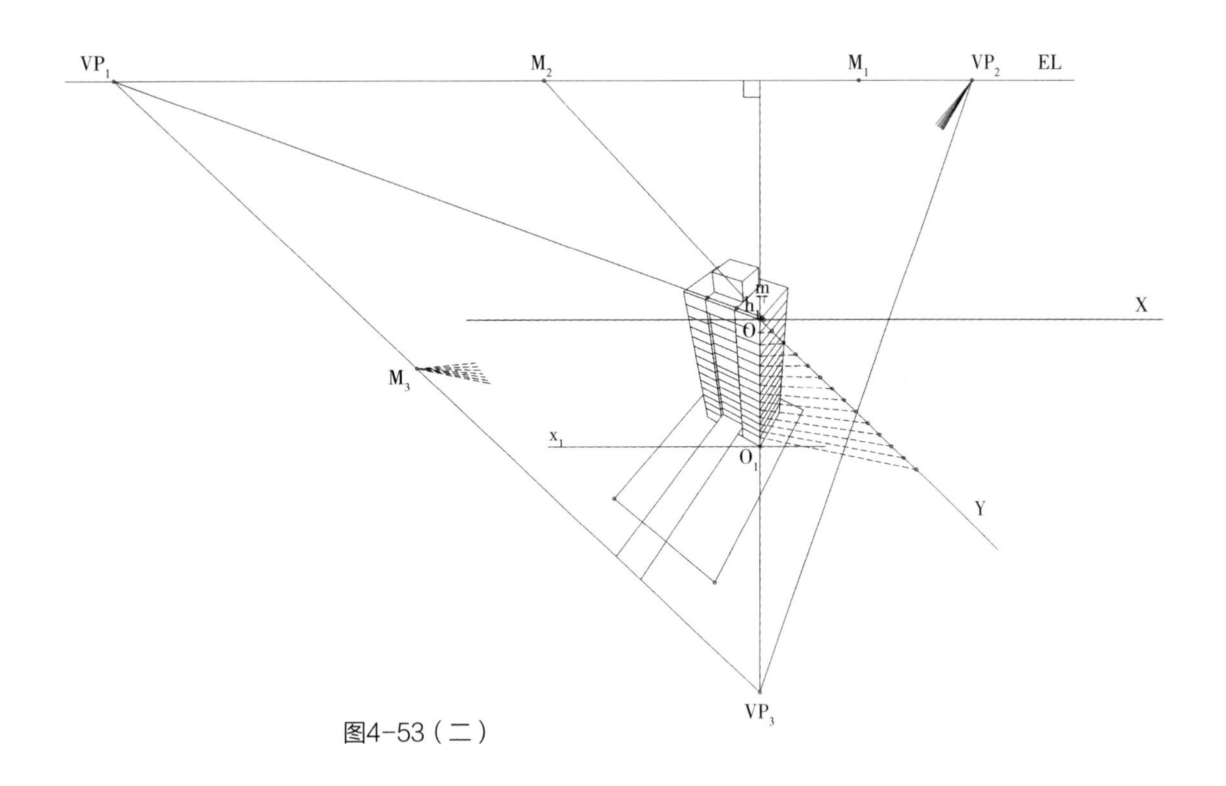

图4-53（二）

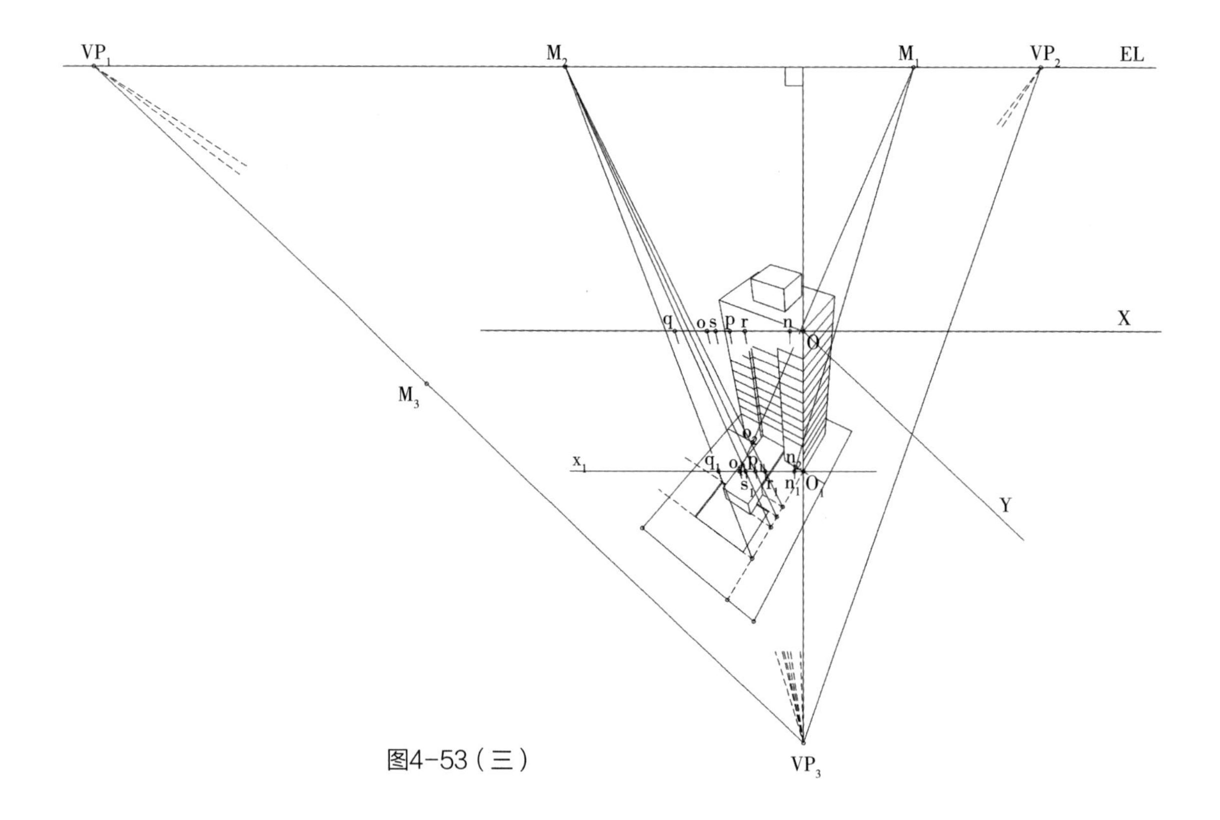

图4-53（三）

十一、轴测图

轴测图是将平面图在水平线上扭转一定的角度，把物体对象上的各点按同一比例尺寸，垂直向上做出高度并将各点连线，即形成轴测图，轴测图没有消失点，因此不属于透视图范围。在室内设计表现中多用于俯瞰空间结构关系用，如图4-54。

十二、其他作图法

1. 圆和球

圆和球遇到透视可以置换成正方形、正六面体来处理。圆的正面、一点透视仍为圆，其他则成椭圆形，球的透视必定是圆，如图4-55和图4-56。

2. 分割与扩展

（1）用对角线分割以知透视面，如图4-57。

此法用于二、三等分较简便，过对角线交点作透视线便成。但对等分数目较多的分割则线条太多，对角线判断有困难。等分数较多的可用如下所示方法，如图4-58。

例如五等分情况，先把透视面用对角线方法作八等分（对开等分反复进行），然后从右侧高的五等分点，引线到C，该线和透视线的交点，便是宽幅的五等分点，引垂线便分作五分。在连

正轴测图

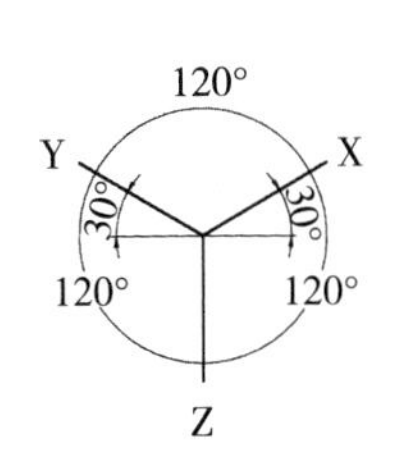

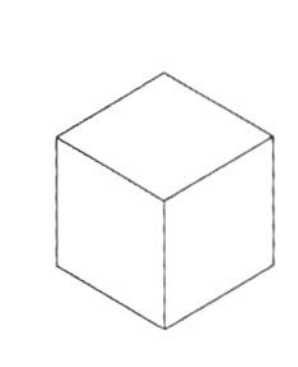

斜轴测图

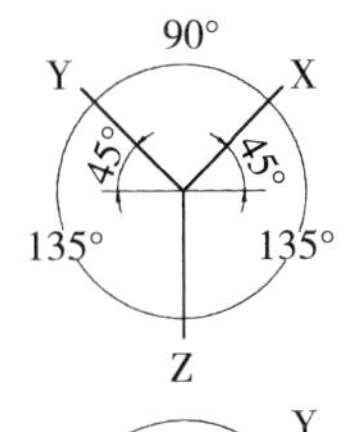

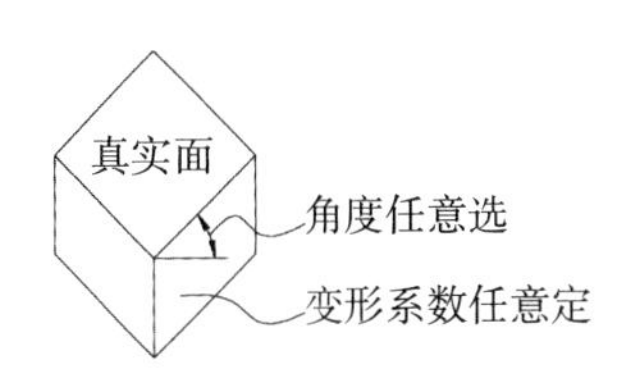

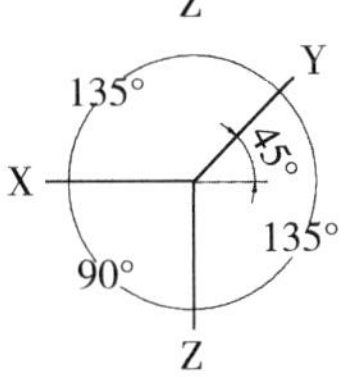

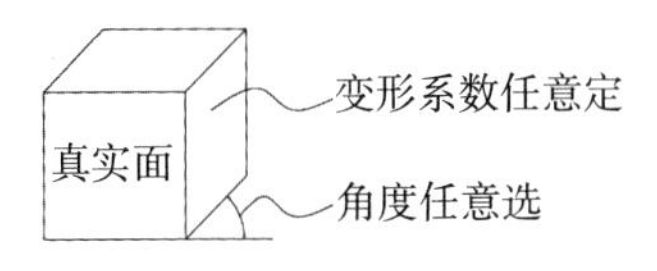

轴测图作图步骤

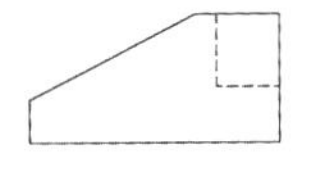

正立面

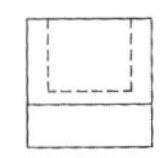

侧立面

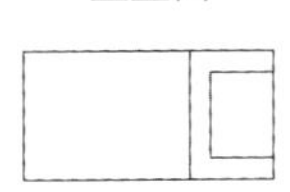

平面图

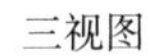

三视图

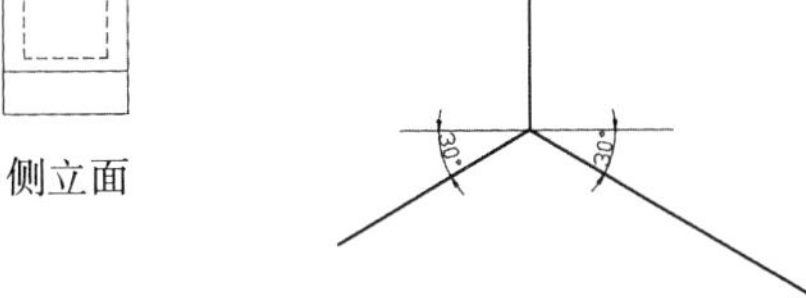

确定轴向

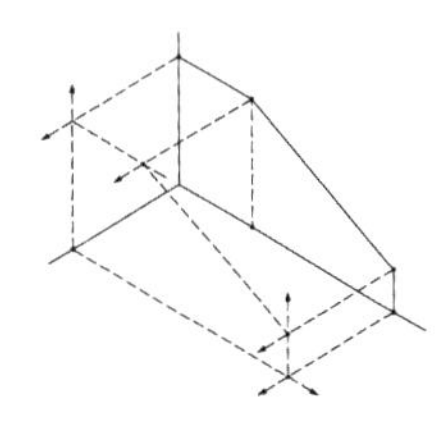

在轴上定尺寸

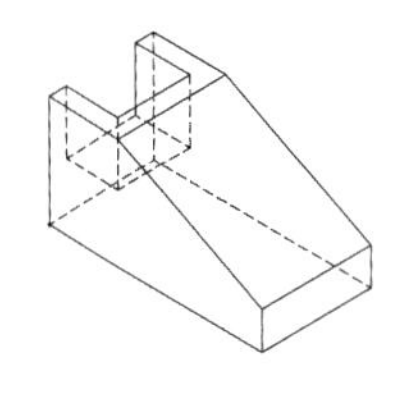

连线完成

轴测图作图实例

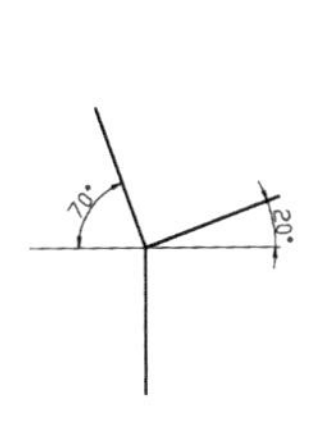

确定轴向

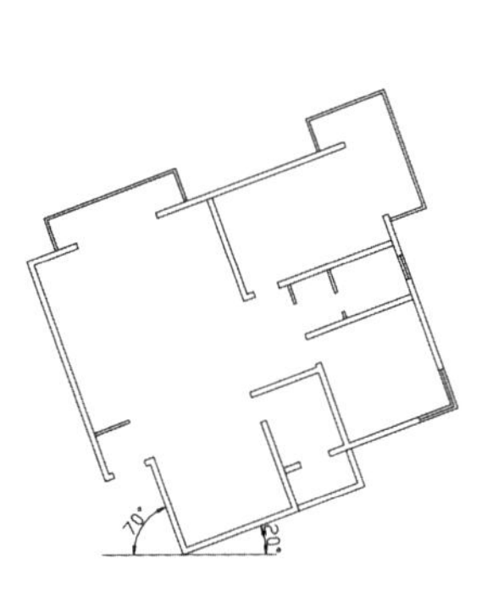

把平面图按设定角度摆放

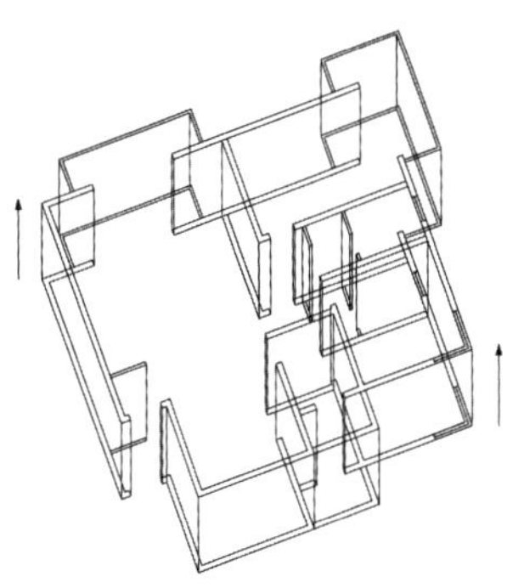

把平面图垂直向上移动所要的尺寸并作垂直连线

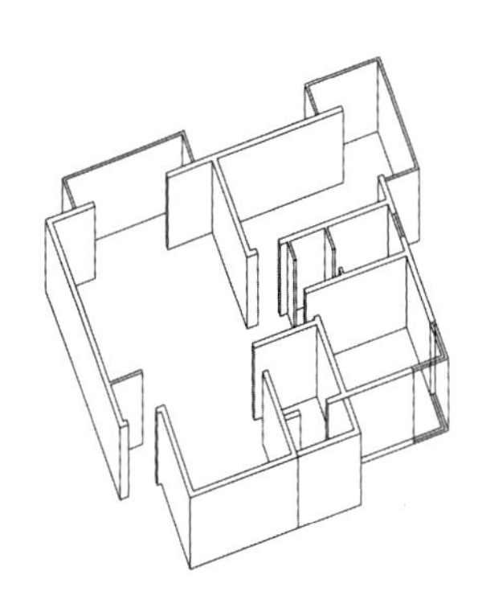

修剪完成

图4-54

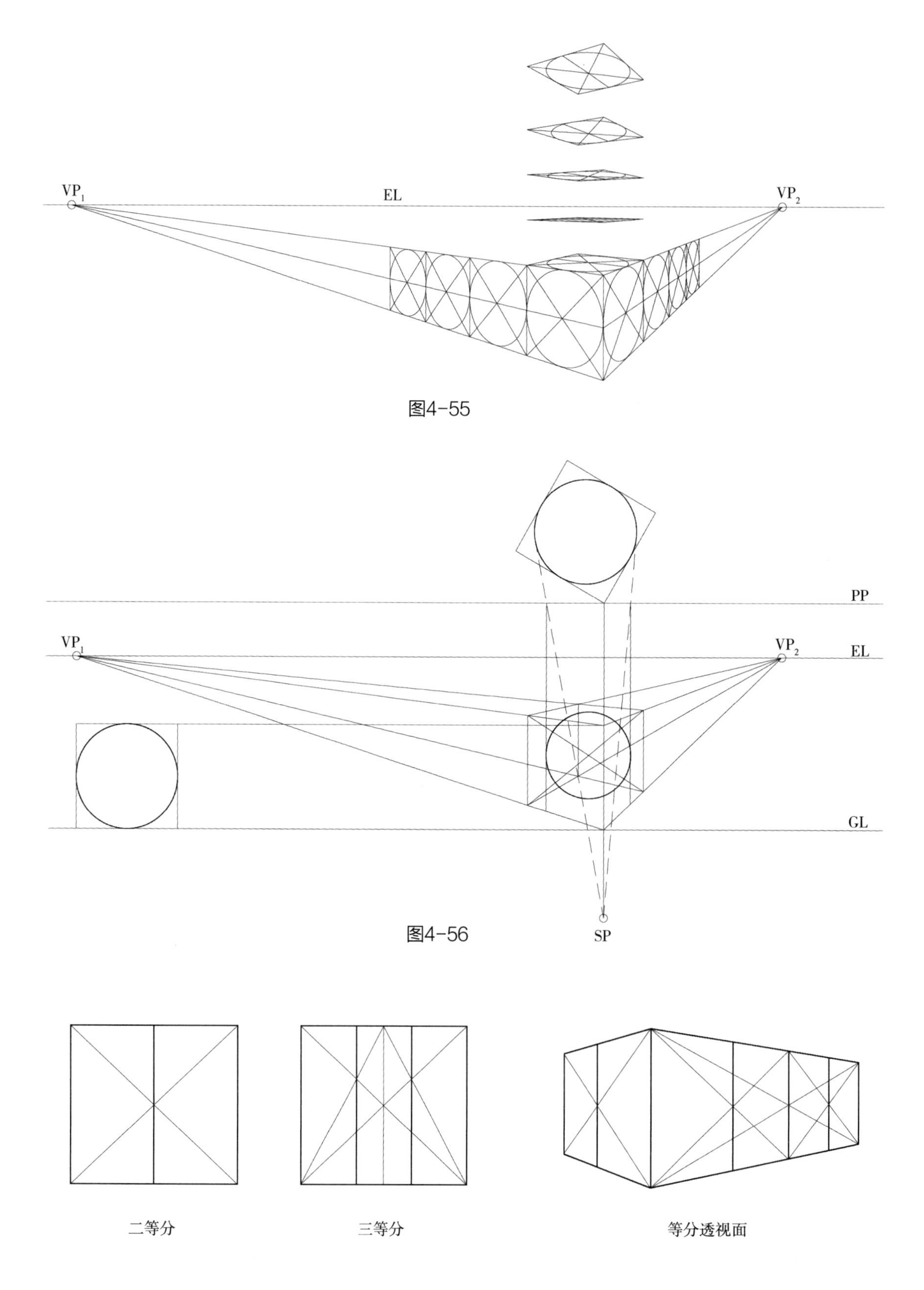

图4-55

图4-56

图4-57

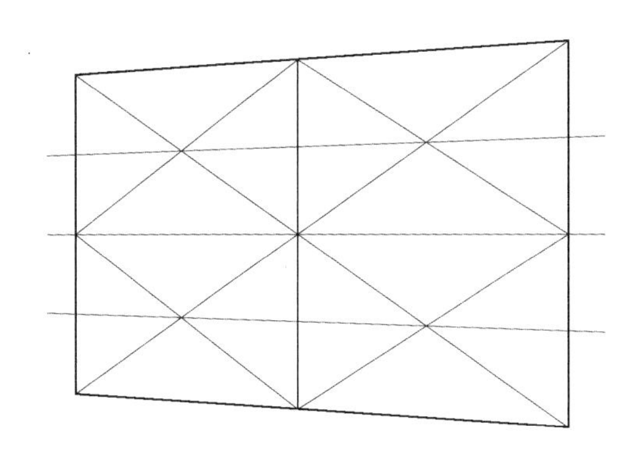

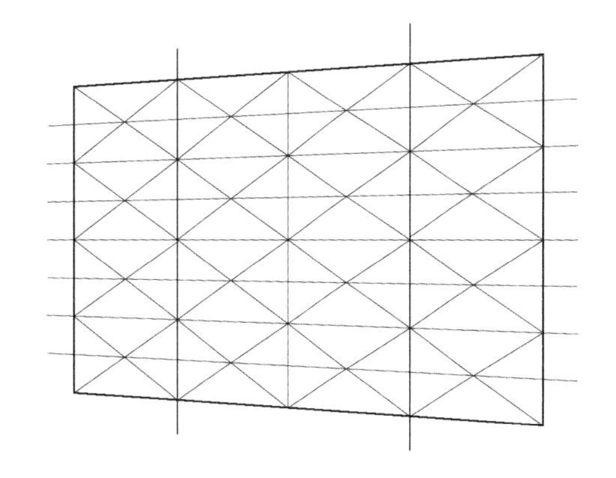

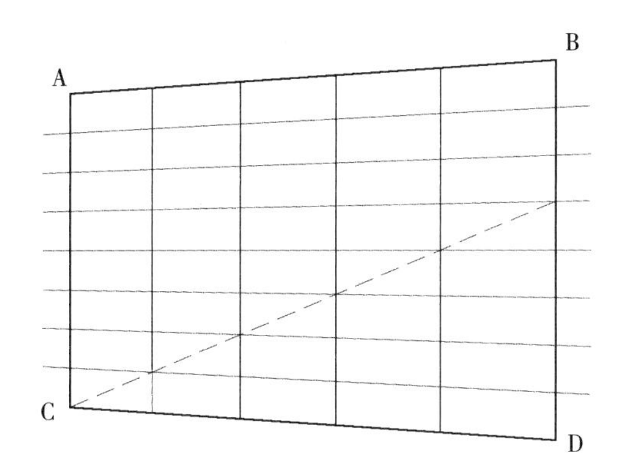

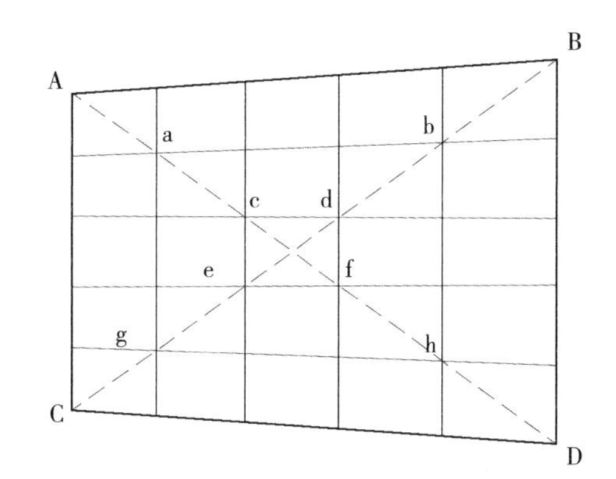

图4-58

接对角线AD、CB与横幅的五等分线交与a、b、c、d、e、f、g、h，分别连ab、cd、ef、gh便完成高度的五等分，实际上由一条对角线所得交点的透视线也可以，但这样可校对作图是否有错和不用消失点。

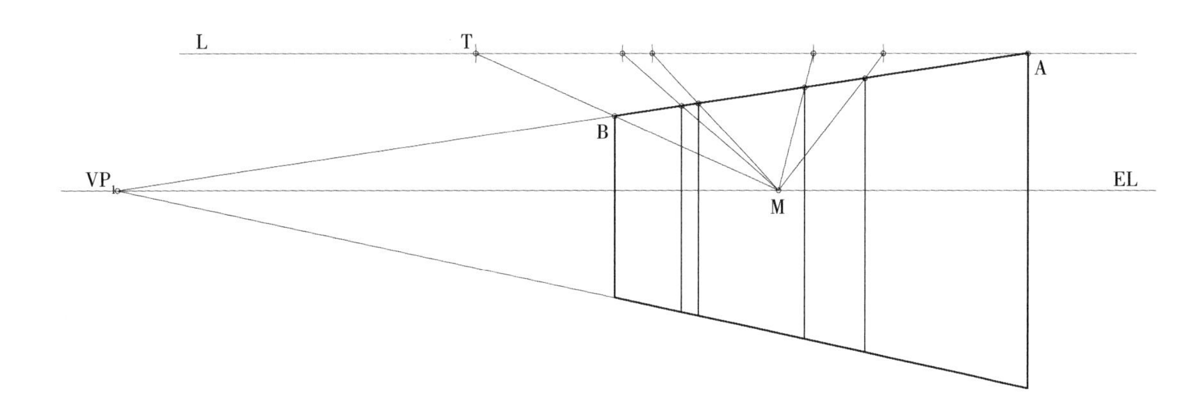

图4-59

（2）利用辅助线对已知透视面进行不规则分割，如图4-59。

过A作平行于EL的辅助线L，在L线上按实际尺寸取分割，把端点T和B连起来，延长交于EL得测点M，连接M和L线上各分割点，与AB（透视线）相交便得到透视图的分割点。

（3）扩展，如图4-60。

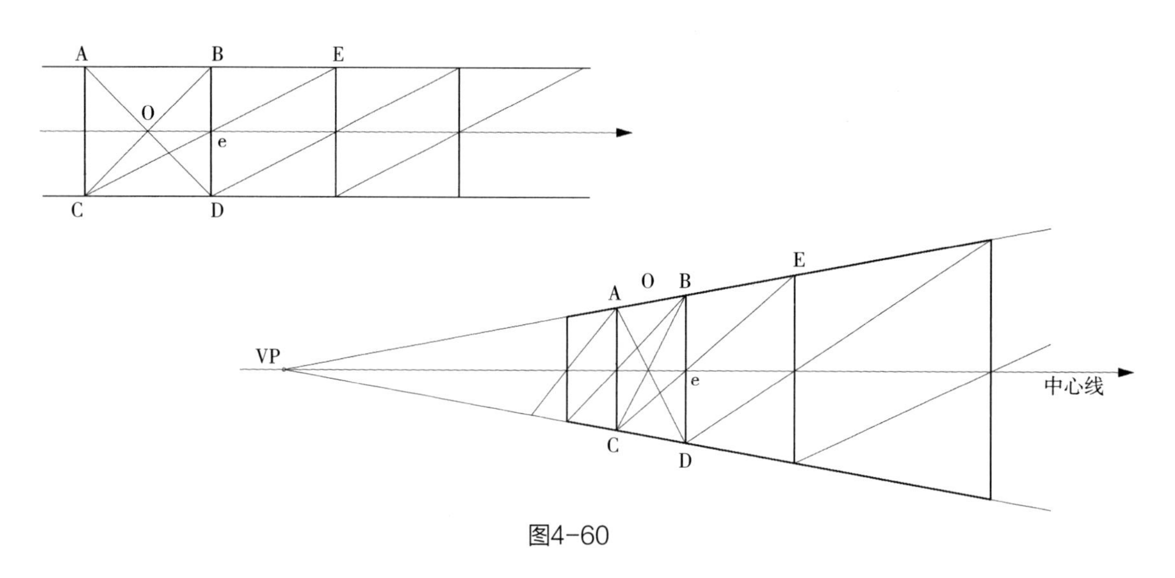

图4-60

先求出正方形或长方形的对角线交点O。然后过O点作透视线，得二等分中心线，中心线与一边的BD交于e点，由C向e连线并延长，与AB透视延长线交于E点，由E点引垂线，便扩展出相等的透视正方形，继续进行可得任意数量的扩展形。

3. 求透视线上的任意倾斜线，如图4-61。

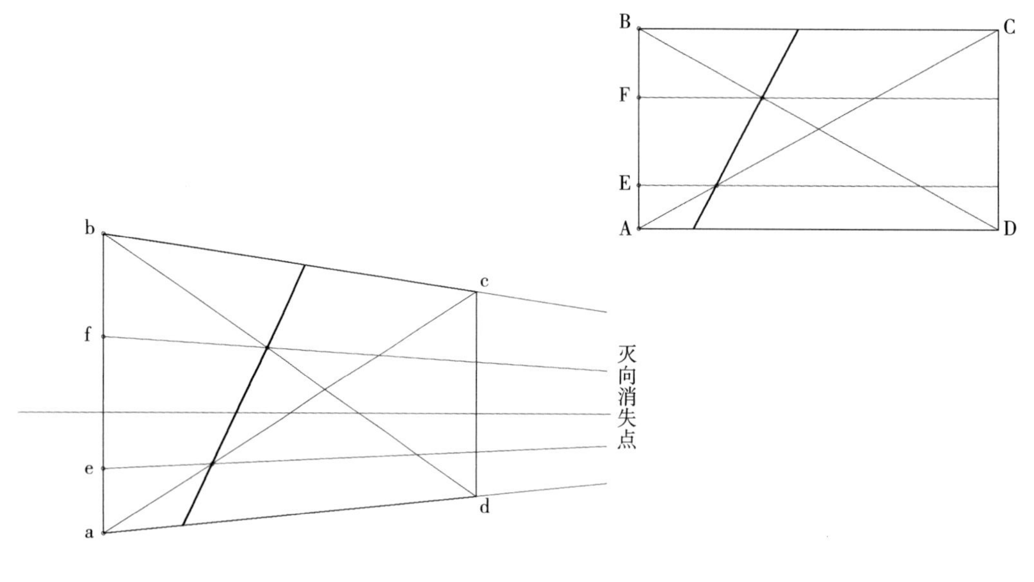

图4-61

（1）连对角线ac及bd，并在ab上量取对角线与倾斜线交点高度，得e、f两点。

（2）自e、f点向消失点作透视线与各对角线相交，其交点的连线即是所求倾斜线。

4. 利用对角线求透视形体中心，如图4-62。

（1）连对角线ac、bd得中心点M，即所求形体中心。

（2）过M作垂线即得形体的垂直中线。

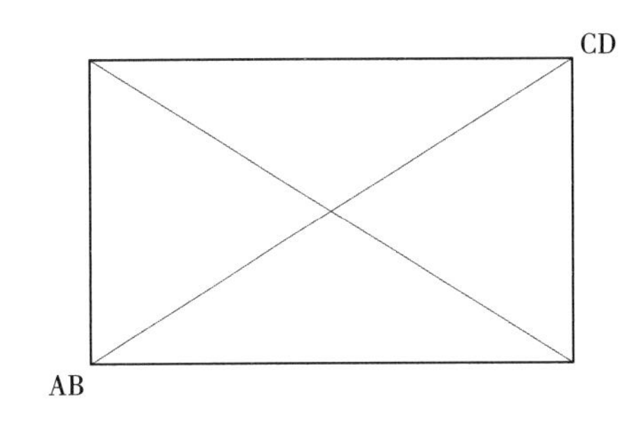

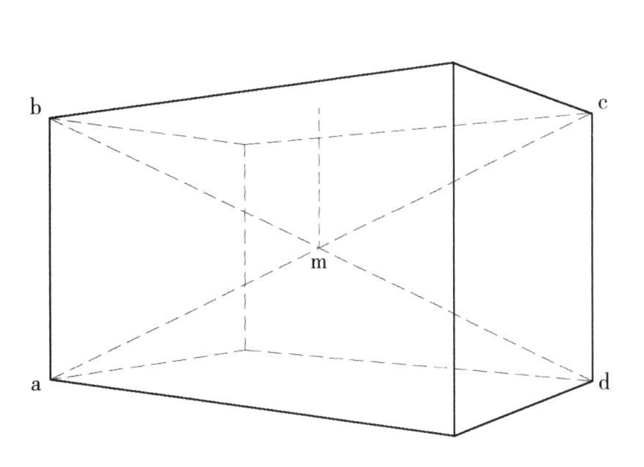

图4-62

5. 倾斜，如图4-63。

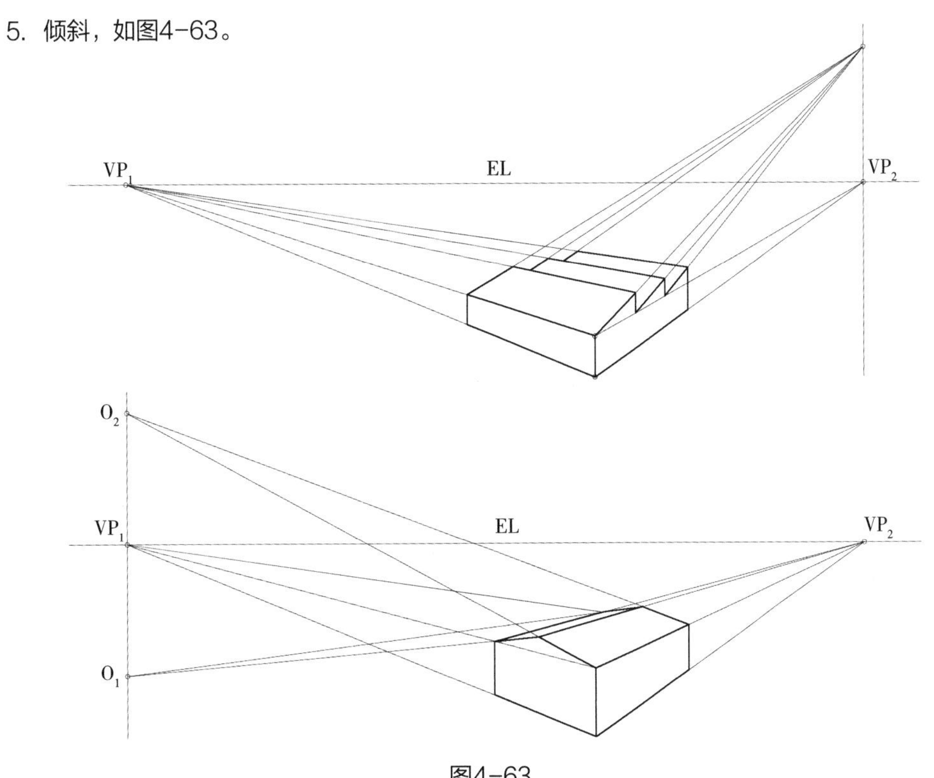

图4-63

在现实当中斜面形体很多，如人字形屋顶、檐等。作斜面透视时可先用立方体斜切的方法处理，需注意的是不水平的斜平行线其消失点在EL线以外，而这些不水平的线又在平行的物体构造面上，故其消失点也在经过VP_1和VP_2的垂线上（两消失点情况下）。

十三、明暗和阴影

我们看到的物体概无例外都有明暗，通过明暗表现有复原立体构造的想象力，因此明暗能表现立体感。在室内设计与表现中物体的明暗阴影是其主要表现内容，因此我们要对此了解。首先了解光源、光源的位置以及角度，并掌握它们和明暗阴影的关系。

1. 光源

光源主要分太阳光与人造光，太阳光源很遥远，其光线可看作平行光，人造光一般较近，其光源呈现扩散状，如果光源发光面积较大便会在物体本影外周产生出半影，如图4-64。

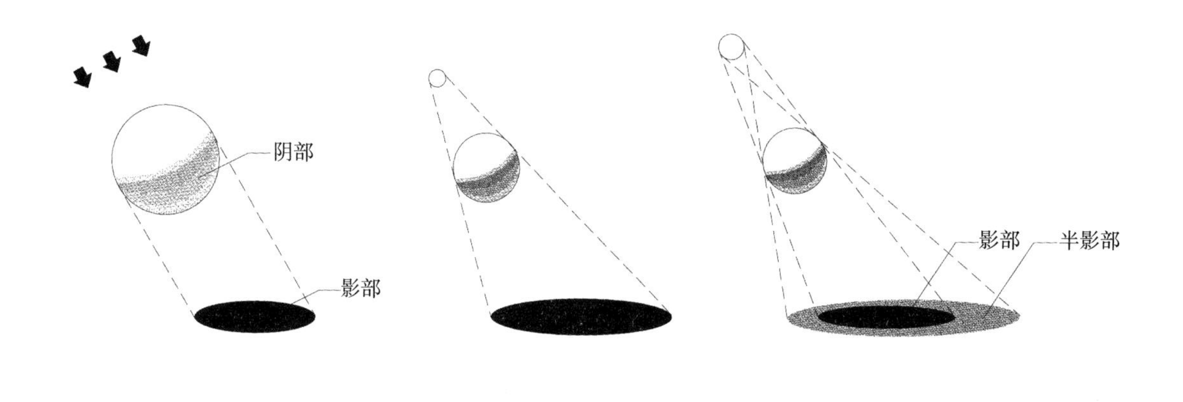

图4-64

2. 明暗和阴影

光照着的地方，按其角度而有明亮及中亮之分，后者比前者暗点，与光线方向相背的侧面（法线方向和光线方向交角90°～180°）没有直接光照的称阴部，而因被物体遮断光源，在其面上投下的影子称影部。由于地面反射或其他漫反射，物体的暗部比影部要略亮一点，如图4-65。

3. 光源的高度和影长

光源越高影长越短，光源越低影长越长，如图4-66。

4. 光源的方位和影位

光源的方位不同影子的方位就不同。影子方位和光源方位差180° 如图4-67。

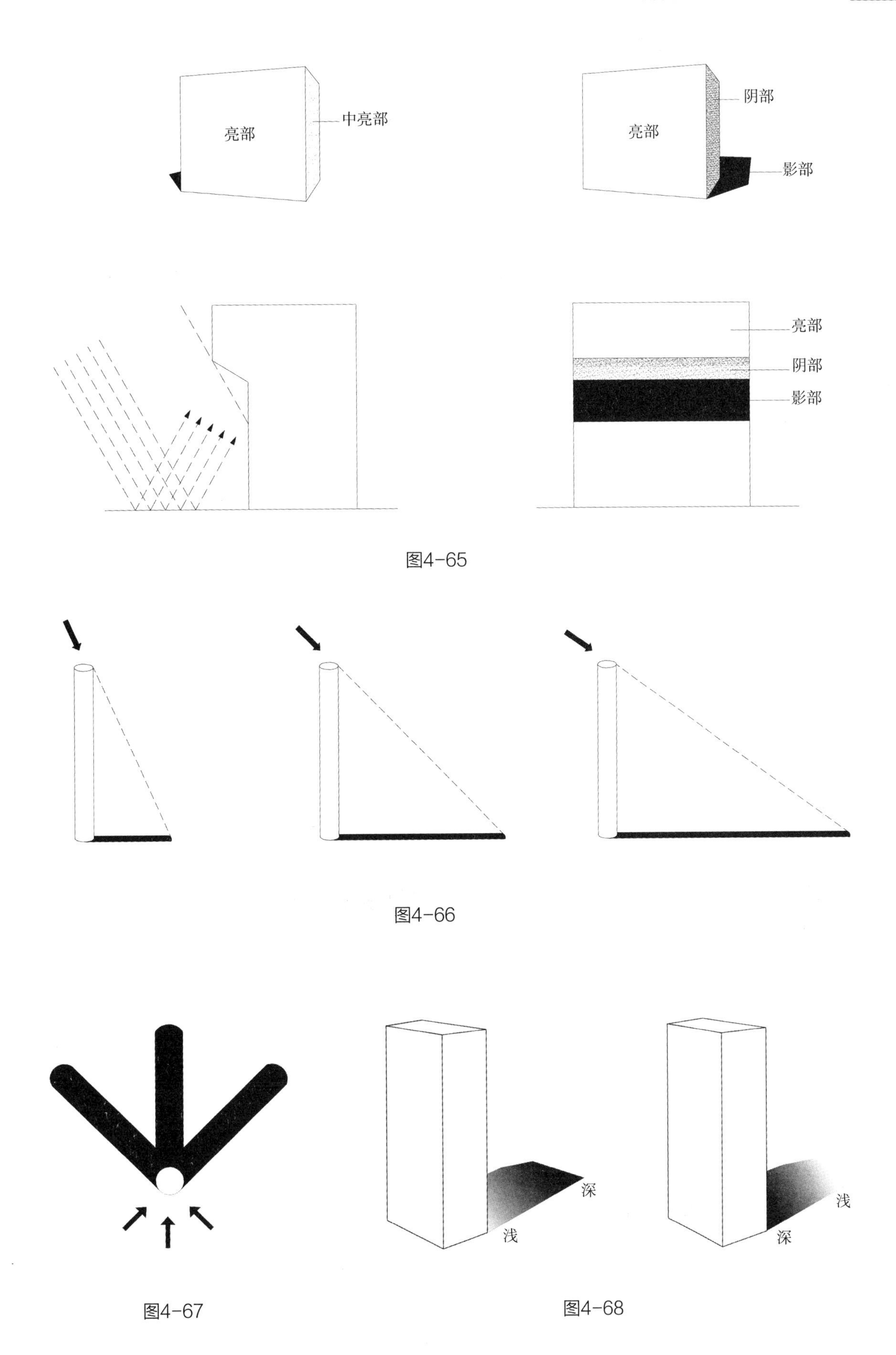

图4-65

图4-66

图4-67

图4-68

5. 光强

强光的影子轮廓清晰，弱光则模糊。此外影子的深浅变化也有异，强光下近的浅而远的深，弱光下反之，如图4-68。

6. 影线

影线是物体受光线照射的面与受不到光线照射的交线。设定了光源的方位和高度后，则影子的方位和长度也就确定了。由于太阳光是平行光，因此其影线的透视线若是平行的也集中于一点，如果影线在水平面上，其消失点便在此线上。影子若投在物体上便改变方向垂直向上止于光影的透视线上，如图4-69。

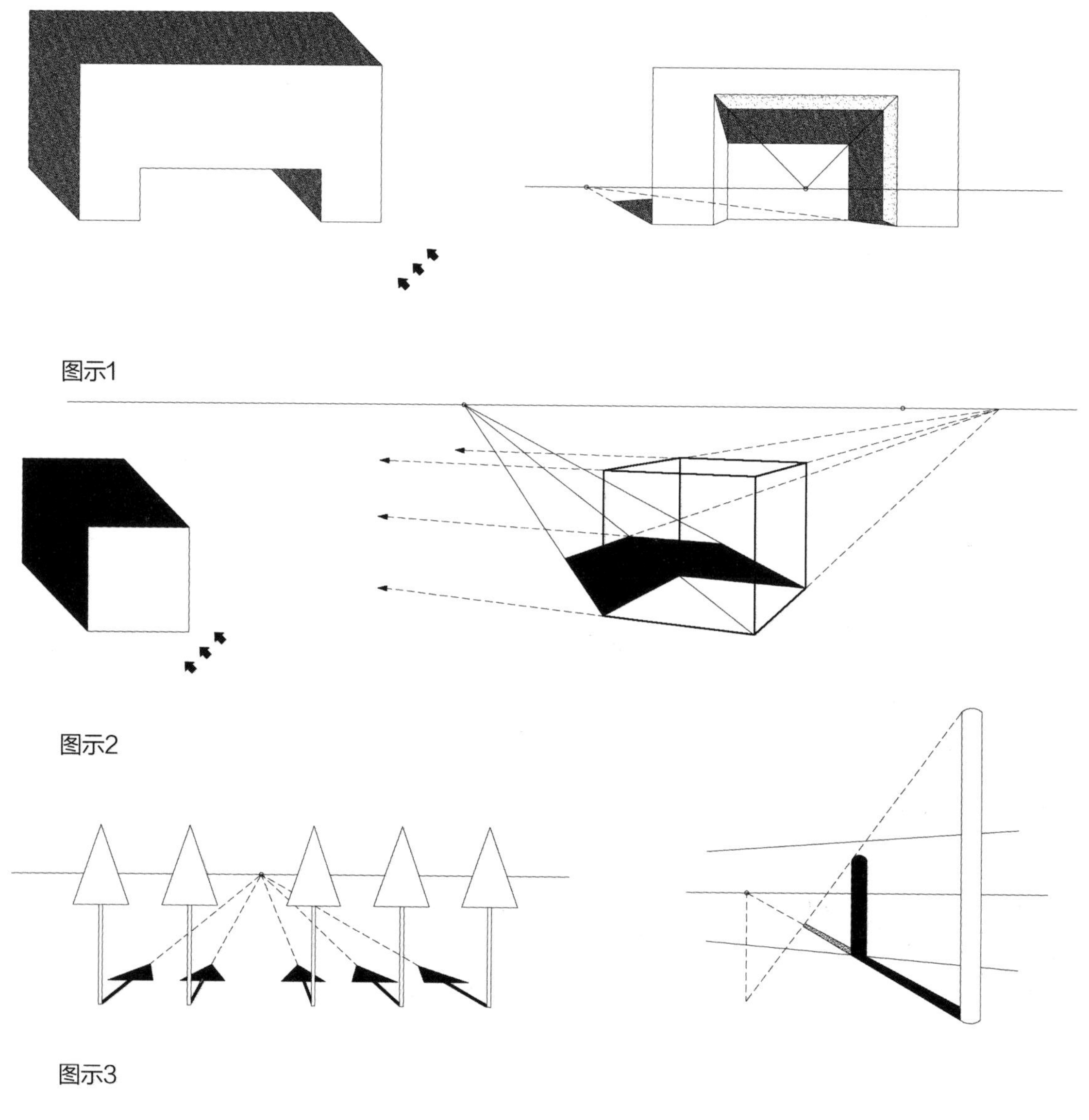

图4-69

由于人造光源呈扩散状，因此影线是以光源点与物体受光面轮廓线连线的透视线向外扩散的，光源点就是影线的反向透视灭点，如图4-70。

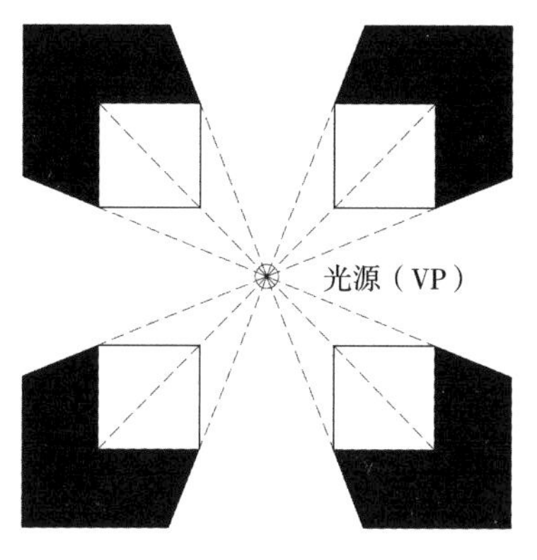

影子是以光源为消失点向外扩散的

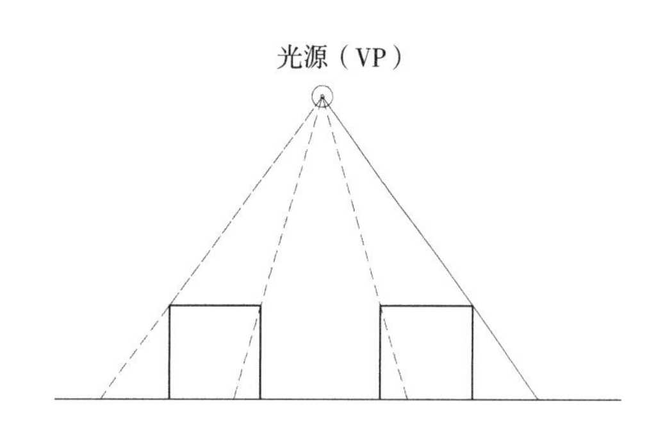

影子的长度是由光源的高度决定的

图4-70

在室内设计表现中由于采用的是人工照明，光线不是平行光所以它的落影消失关系较为复杂，很难用一般的作图法绘制，假如室内只有一个照明光源，可以光源为消失点来描画影子（光线就是中心投射线）。物体越靠近光源则它的投影面积越大。若有几个光源，影子就复杂了，当然可逐一对待，采用重叠描画，但应以最强光源为主。因此在室内表现图中不可能也不必要按作图法具体地来求落影，只要落影的关系大体正确（在视觉上）即可。

第五章　室内设计的表现技法

第一节　基础的培养和训练

在众多设计预想表现形式中，透视效果图由于具有空间表现力强、艺术直观性好、绘制相对容易的优点而被设计界广泛运用。透视制图法则是设计表现图的技术基础，美术理论是其艺术基础，科学合理的设计是其灵魂基础。

要想画好一张设计效果表现图，需具备和掌握透视制图的基本知识和一定的美术绘画基础，同时还要具有一定的设计水平。可以说一个好的设计表现图是在科学合理的设计基础上一种技术和艺术的完美结合，如图5-1。

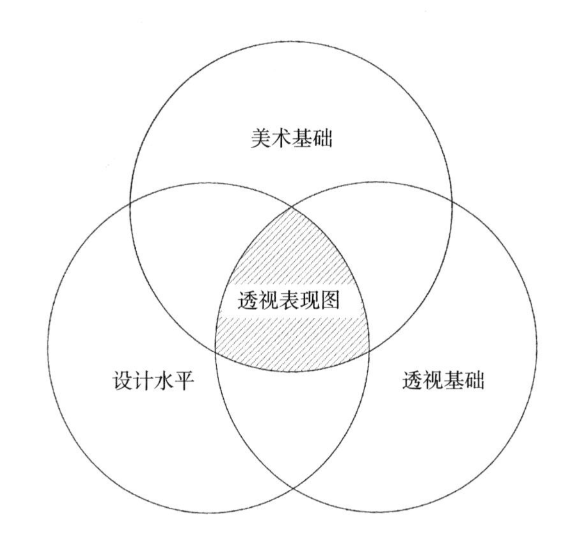

图5-1

一、构成表现的基础要素

在室内设计表现图中，对空间关系和形体的把握，有赖于对空间构成的理解和素描基础的培养。

对颜色、材质和肌理的运用，需要有色彩方面的知识和较好的色彩感觉。

对瞬间的灵感捕捉、记录和表达则需要具备在速写方面的熟练技能和运用。

总之，美术基础的培养对一个室内设计表现图的成败起着关键的作用。

二、钢笔线条技法与线的组织

可以说快速表现图的特点之一就是以线为主，以色为辅，三分色七分画。墨线底稿和用线的技法就显得十分重要了。

1. 线的情感和个性

线是有情感和个性的，不同的笔绘出的线具有不同的个性特点，画线力度的轻重、速度的快慢、起笔和收笔的方式以及线的组织和编排等都将形成鲜明的个性特点，因此要特别注意，它对画面的情感风格有着很强的表现力，所以要选择相应的笔，如普通钢笔、美工弯尖钢笔、绘图笔、中性签字笔、铅笔、针管笔等等，它们都有自己的特性和风格。

在实际当中不仅限于以上笔种，可根据习惯选用更多的工具来表现其独特的个性，除把握各种笔的特性以外，还要掌握用笔速度和轻重的技巧，笔速的不同带来不同的感受，通过一定的练习最终形成自己的风格。

2. 线的组织

线主要是用来表达物体的轮廓，同时也可以通过各种排列方式和组合表达形和面。事实上任何形体都是由点汇集成线、线汇集成面来完成的，着色只不过是为其穿衣服而已，由此可见线对形的重要性，如图5-2。

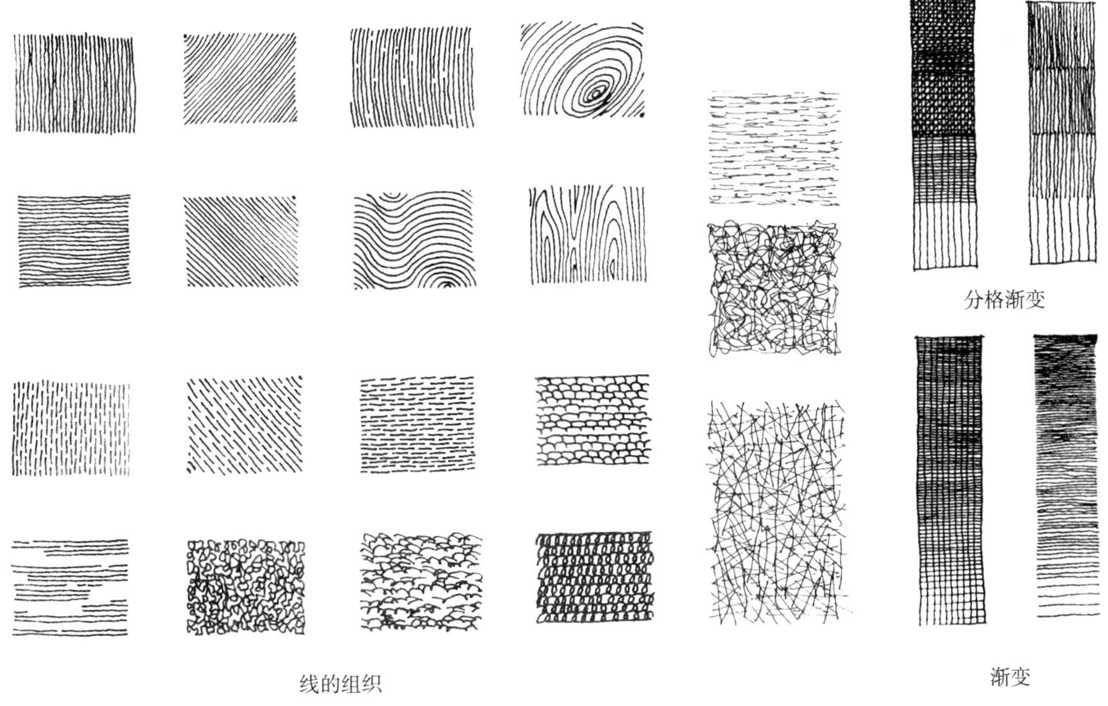

图5-2

3. 线与空间

用线来表现空间比用明暗来表现难度要大得多，因为明暗是写实的、是客观的，而线则是经过提炼加工的，一般用线来表现空间感，主要是靠线的透视准确和空间的结构关系，并以透视原理靠一些装饰构造线的近大远小、近疏远密的关系来造成空间的进深感，如图5-3。

4. 线与质感

用线来表现质感主要是靠用线来画材质的肌理结构和迎合材质的特性，如表现玻璃线就要显出硬和透明的感觉，表现木材可画其纹理，表现布料可用线放松柔软，表现水面可画其倒影等等，如图5-4。

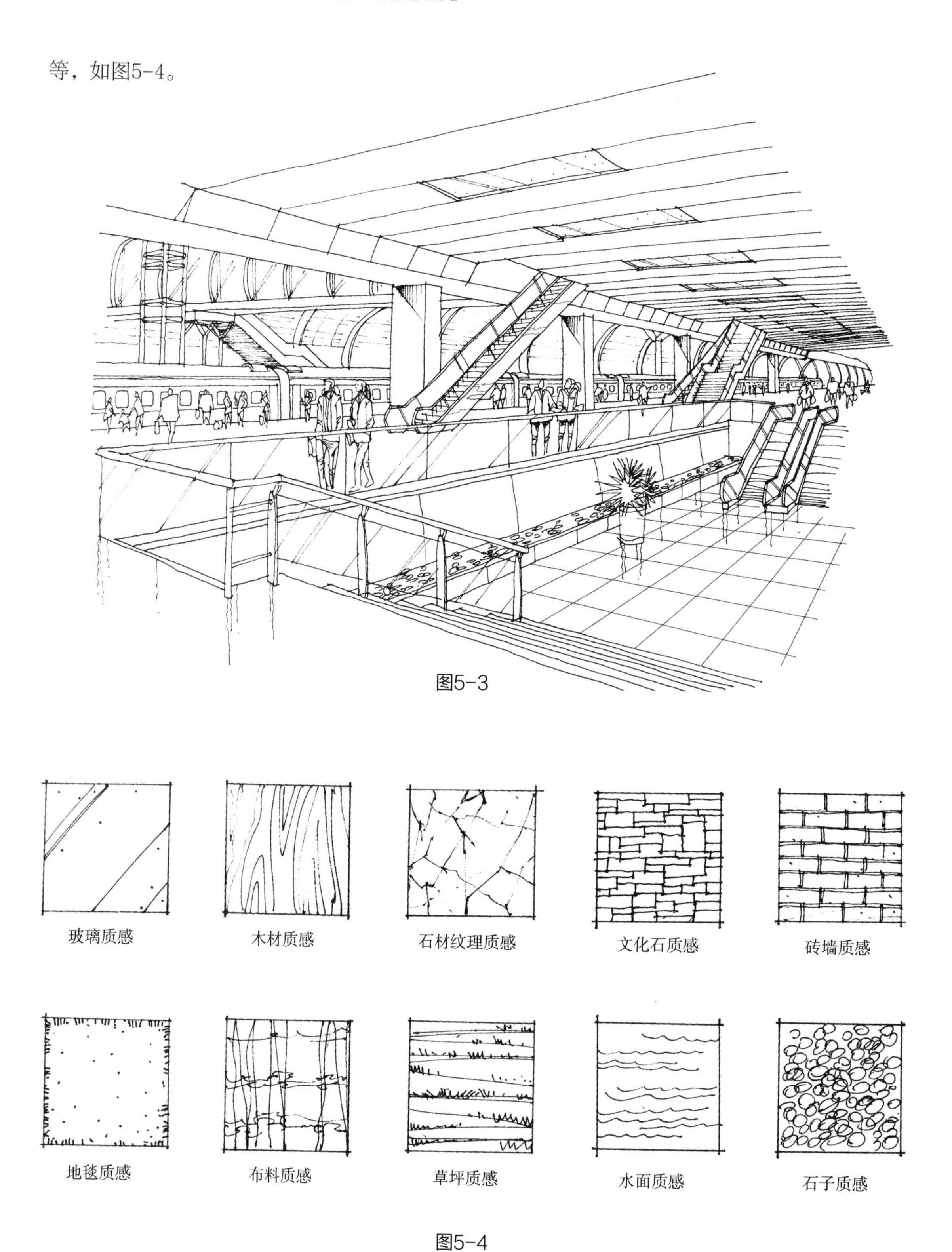

图5-3

图5-4

第二节　表现技法的种类及其步骤

一、基本技法的种类与特点

1. **水粉画技法**：水粉色覆盖力强，不透明，绘画技巧性强，以白色调整色调的深浅，由于需要用水来调和颜料所以作图时间长。

2. **水彩画技法**：颜色鲜艳、透明，没有覆盖力。作画过程先浅后深、先明后暗。作画过程较长。

3. **透明水色技法**：颜色明快鲜艳，更为透明清丽，作图较快。

4. **铅笔画技法**：铅笔作画是一切绘画的基础，技法简单易掌握，作图快易修改。彩色铅笔作画易于排线、平涂、勾画轮廓、表现渐变等效果。

5. **钢笔画技法**：钢笔线条流畅，清晰，画风严谨细腻，不同种类的钢笔能产生不同的风格，如美工钢笔、绘图笔、针管笔、签字笔等均属于钢笔类。

6. **喷笔技法**：借助于喷笔，喷色细腻、均匀、易作渐变，画面接近真实。通常和水粉技法并用，绘图过程复杂，作图时间长。

7. **马克笔技法**：马克笔分油性和水性两种，具有快干、不需要用水调和、着色简便、绘制速度快的特点，画面风格豪放，笔触排列大气，色彩丰富、透明。马克笔着色后不易修改，讲究着色技巧，其特制的笔头具有独特的笔触效果。

8. **综合表现技法**：在绘制表现图过程中，以上技法既可以单独使用，也可以混合多种技法使用，以取得最佳的表现效果。

除此之外还有一些诸如中国画技法、彩色粉笔画技法等，虽然表现技法种类繁多，但其目的性和绘画程序、表现手法等基本要素是类似的相近的，只是其运用的材料、工具不同而形成了不同的风格和形式。在上述技法中一些是比较成熟和传统的技法，作图时间较长，准备工作烦琐，因此在近年来已不常用，目前较常用的和被设计师青睐的多以马克笔表现技法为主，因其作图准备工作简单，作图过程快、画面效果漂亮，所以在徒手创意表现技法中占有绝对优势的地位。

二、快速表现图的特点

快速表现图是特指马克笔技法、钢笔淡彩、彩色铅笔技法等准备过程相对简单、作图过程较快的一类作图法。

1. 时间性

快速表现图是在有限的时间内或者说用最短的时间表现出预想的设计构思，因此在快速表现图的绘制过程中要突出重点，省略方案构思中无关紧要的部分，尽量做到主次分明，强调主要的部分，概括次要的部分，并应注重表现技法上的精练和准确。

2. 技巧性

快速表现图强调一个“快”字，在绘制过程中要求一气呵成，一般不作重复加工和修改，要求着色准确，下笔肯定，这就要求绘图者具有娴熟的表现技巧。“快”绝不是粗制滥造，也并非简陋，相反它要求更高的技巧性和深厚的绘画基础功底，如果不具备一定的基本功是画不好的，它强调豪放洒脱、清爽鲜明的图面风格，注重骨架格局合理的整体效果。

三、快速表现图的步骤

1. 了解并掌握要表现的平面图

对要表现的内容要进行充分了解，理解空间结构关系以及设计要求。

2. 绘图前的准备工作

绘图桌面与环境的整洁有助于增强绘图兴趣和理顺创作思路，对作图有很好的帮助。各种绘图工具应准备齐全并放置在合适的位置，不要在作图过程中用到时再去寻找。

3. 透视角度的选择

根据表现的重点不同，选择合适的透视方法和角度，如一点透视还是两点、三点透视，确定好透视方法后再确定透视角度。

4. 绘制底稿

可用描图纸或透明性好的拷贝纸绘制草图稿，然后将其转移到正式图纸上，但其过程比较复杂。亦可直接用铅笔轻绘于正式图纸上或用选好的绘图笔直接完成正式稿。

5. 着色

按照先整体后局部的顺序进行着色。要做到整体用色协调统一，落笔肯定，以放为主。局部小心细致，行笔稳健，以收为主。也可反向着色，从局部到整体。在淡彩着色中局部也可用厚画法（如水粉色）提亮，达到所要的效果，如灯光、高光等。

第三节　马克笔的快速表现技法

在这里我们着重介绍一下马克笔的运用。马克笔是一种以合成纤维为笔芯的彩色绘图笔，笔头有斜方形和圆形两种，粗细线均能自如画出。马克笔色彩组成十分丰富，从深到浅、从原色到复色，一应俱全，因此使用起来十分方便，免去了许多调色过程，使绘画时间大大缩短。另外，马克笔携带十分方便，其油性和水性的特点对于多种绘图纸均能适应，对辅助工具要求较少。马克笔技法可以说是快速表现技法的代名词，因为马克笔本身的油水性彩色墨水的特点，就是快速用笔、着色的过程，根本不允许其用笔放慢速度或中途停止的，也可以说马克笔就是一种“快”和“速度”的运用，一切好像都是一次性的，如果图面做坏了，只能从头再来，这也使其有不易修改的缺点。因此对于马克笔的学习也就是了解其特性和掌握其速度的运用。

一、绘图前工具和材料的准备（如图5-5）

1. 各种绘图笔的准备

如针管笔、签字笔、钢笔等。

2. 马克笔的准备

根据要表达的内容选择与其相适应的马克笔色系，如暖色、冷色、灰色系列等摆放在拿取方便的位置，并最好按颜色渐变序列排放，这样容易对颜色选择准确。

图5-5

3. 彩色铅笔

可以准备一些彩色铅笔来配合马克笔着色，弥补马克笔不容易表现的局部，如有时需要均匀过渡的面，当然也可以不使用。

4. 选择画纸

既可选用专用纸，也可选用普通纸，由于马克笔颜色是半水半油性的具有挥发成分，因此在过于吸水的纸上作画容易扩散，而且明度降低，所以一般可选用不太吸水的、较为光洁一些的纸张，如打印纸、好一点的复印纸等就较适合，它既光洁又易于表现留白，吸水性适中，同时也具有一定的厚度便于固定不变形。另外描图纸也很适合马克笔的特性发挥，只是不易表现白色，也不易装裱。

5. 槽式直尺

在尺的一侧有一空槽，使马克笔端在沿直尺着色时，避免色水通过尺和纸的接触面渗透到画面。一般情况下不借助直尺，直接徒手排线即可。

6. 其他辅助工具和材料

如胶带纸、图钉、备用试色纸等。

二、马克笔的作图过程和着色技法

1. 马克笔的作图过程，同上文所述“快速表现图的步骤”。

2. 着色技法

（1）选色要“准确”，下笔要“肯定”，掌握好笔“速”。这几点与中国画的用色、落笔和笔速的技法是一样的，讲究意在笔先，一气呵成。

（2）着色先浅后深，亦可先深后浅。

（3）排线要寻求规律，避免杂“乱”无章。这里讲的是用色、用笔要有出处，每画一笔都要有理由。避免相互重叠，纵横交错。

（4）用色、用笔要求“活”，使画面活泼有灵性。

（5）着色顺应纹理走，符合光影方向和关系。

（6）巧用特技出效果。如用快没有色水的笔，排出干裂的效果等。

（7）把握整体色调，不宜用色太多，避免图面花哨。

（8）不求面面俱到，只求恰到好处。对于局部点到为止，适可而止。

总之，马克笔本身作为一种工具简单，但其运用技法多种多样并不简单，这取决于对马克笔特性的了解和长期的运用与发现，同时也得力于艺术水平的提高和帮助，通过反复的练习逐步发现其中的奥妙，采用取舍的方法总结出优秀的技法，舍去不好的地方，最终形成自己的风格。

第四节　马克笔快速表现过程实例

图例一

一、透视底稿

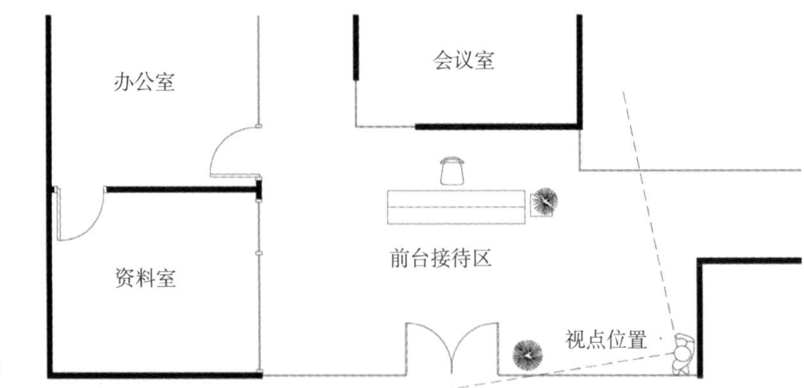

平面图

步骤一：选好视角，用铅笔画出透视轮廓。求空间结构的主透视线，忽略局部细节透视线。

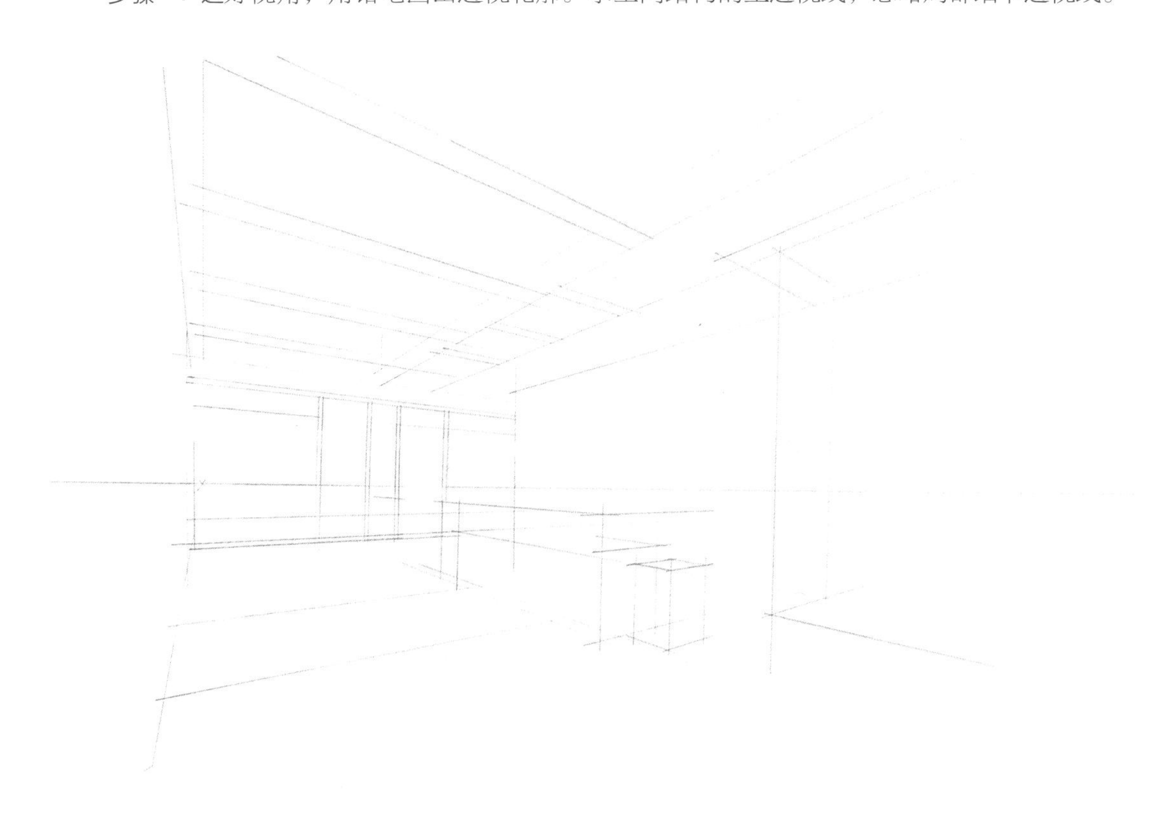

步骤二：参照铅笔透视线先画出空间的主要结构形体和局部细节。

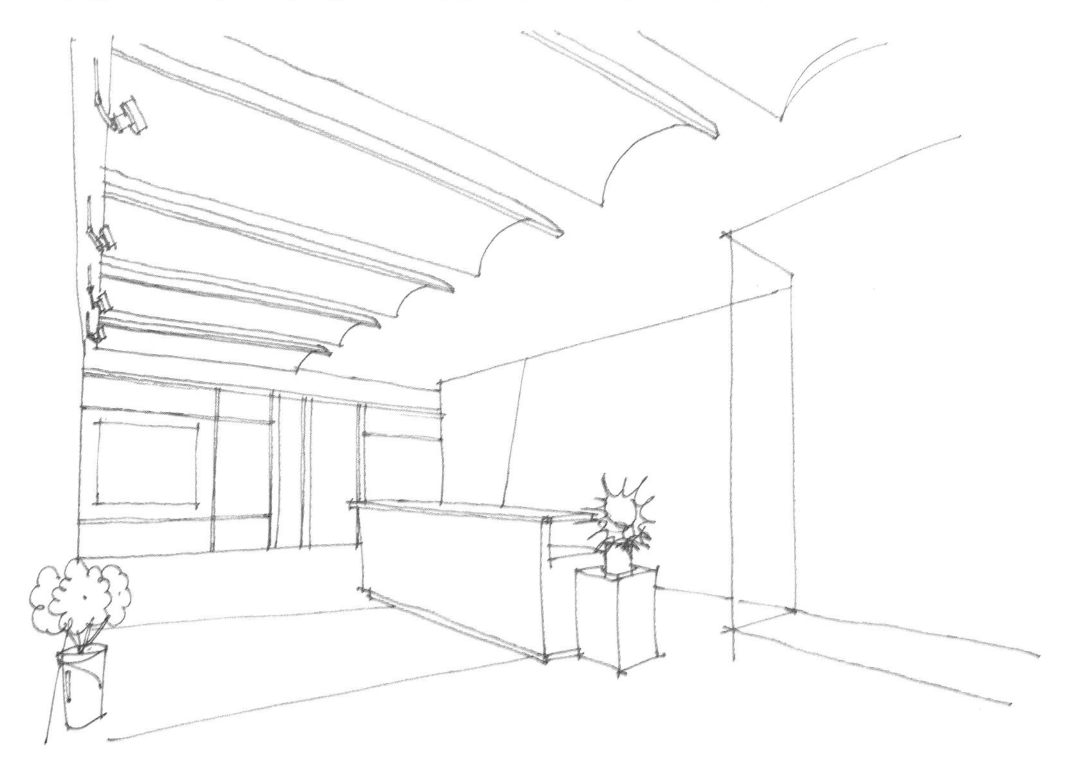

步骤三：完成其他部分的结构形体和细节。

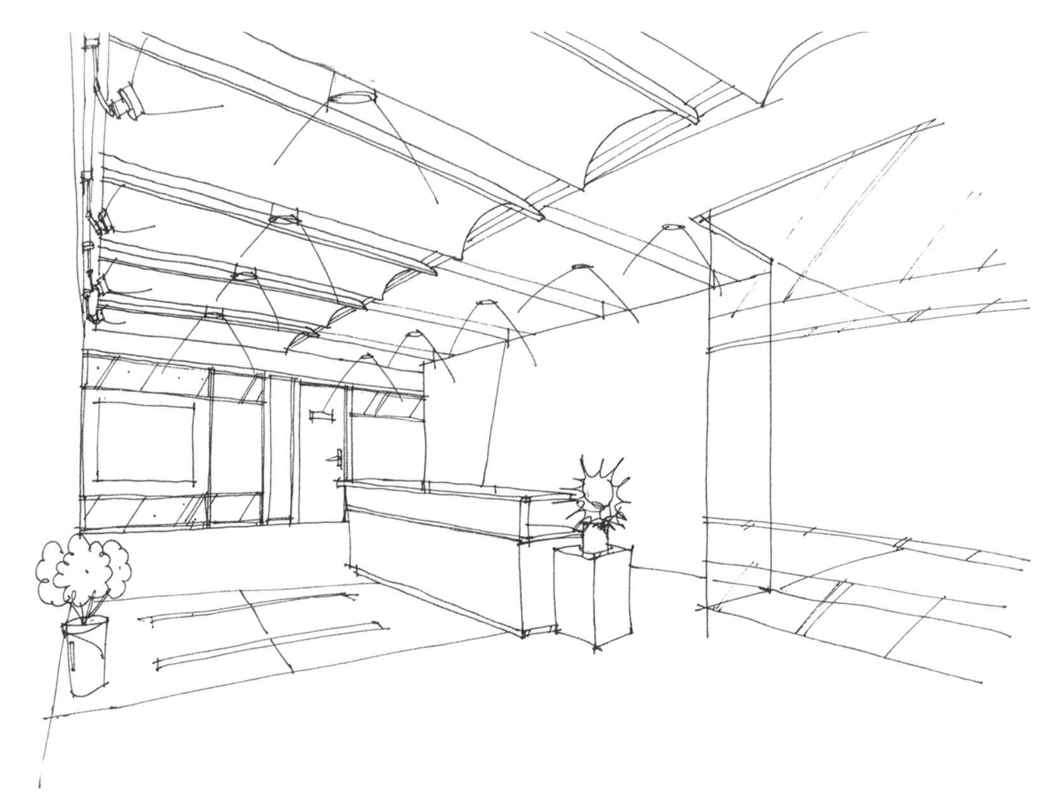

步骤四：进一步增添细节、质感、阴影等。

二、着色过程

步骤一：先画出整个空间的主色，着色时注意用笔速度、走向和光感效果。

步骤二：画出其他辅色、影部和暗部。

步骤三：调整全局，增加暗色、重色和中间色。在整个着色过程中注意光感效果。

图例二

一、透视底稿

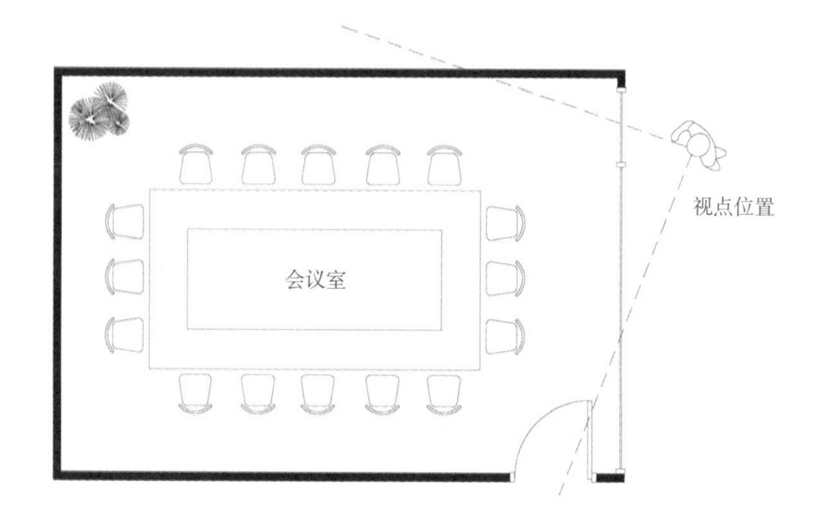

平面图

步骤一：选好视角，用铅笔画出透视轮廓。求空间结构的主透视线，忽略局部细节透视线。

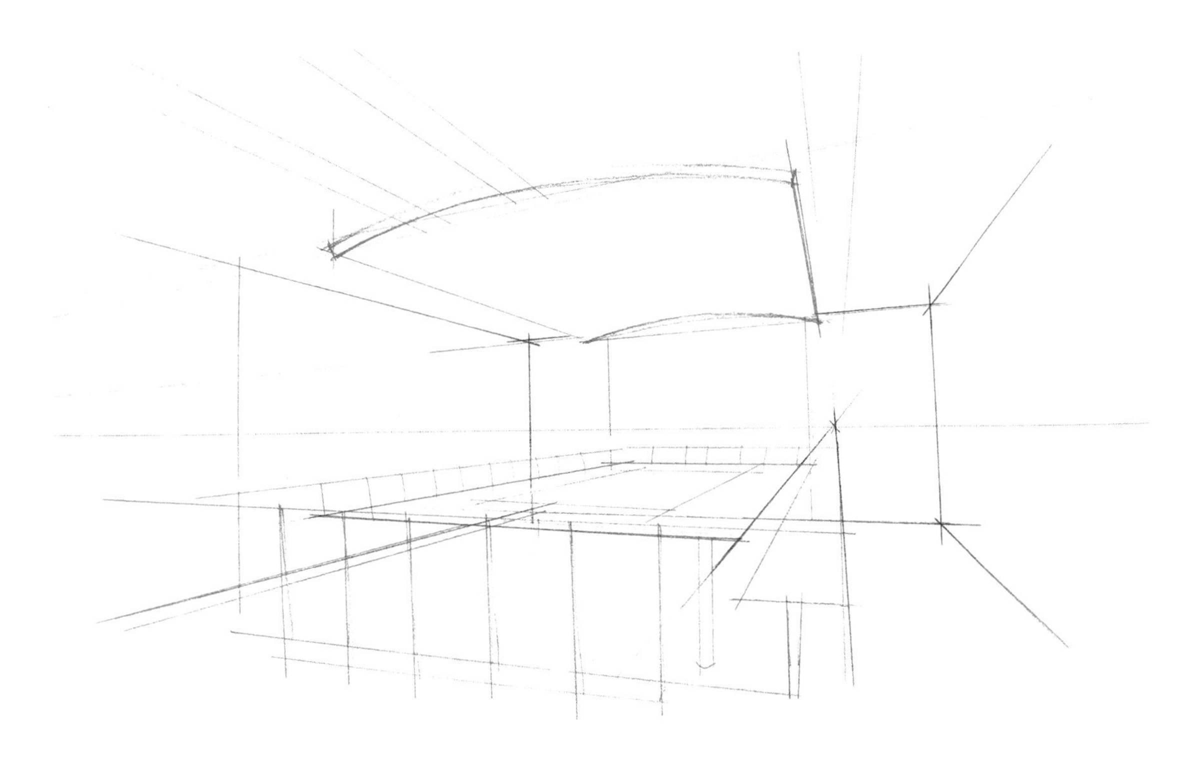

步骤二：参照铅笔透视线先画出空间的主要结构形和局部细节。

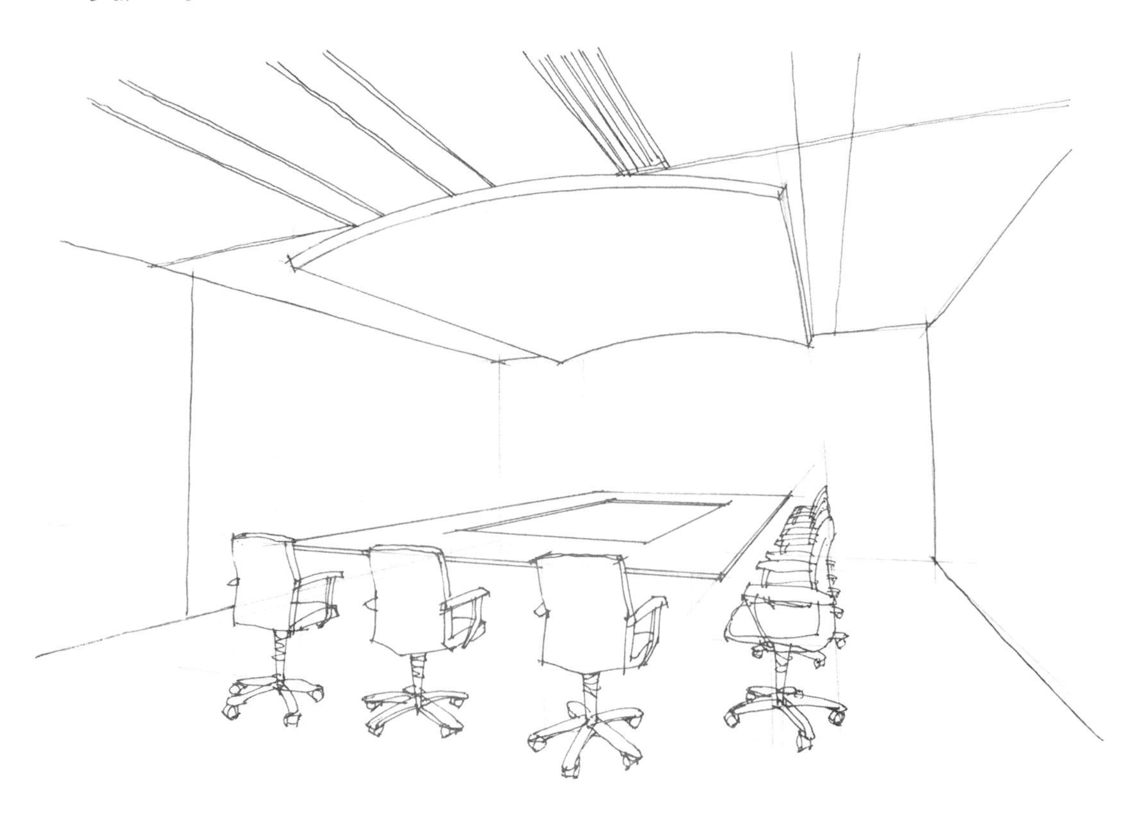

步骤三：完成其他部分的结构形体和细节。

步骤四：进一步增添细节、质感、阴影等。

二、着色过程

步骤一：先画出整个空间的主色和主色调，着色时注意用笔速度、走向和光感效果。

步骤二：逐步完成其他局部着色和影部、暗部。

步骤三：调整全局，增加暗色、重色和中间色，补充局部。在整个着色过程中注意光影效果。

图例三

一、透视底稿

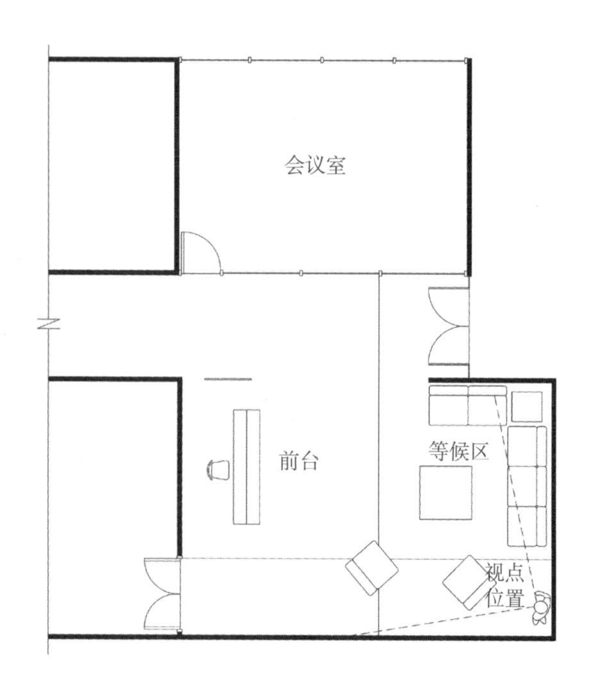

平面图

步骤一：选好视角，用铅笔画出透视轮廓。求空间结构物体的主透视线和定位线，忽略局部细节。

步骤二：参照铅笔透视线和定位线，画出空间的主要结构形体和局部的部分细节。

步骤三：完成其他部分的结构形体、光影和细节。

步骤四：进一步调整，增添细节、质感、纹理、阴影等。

二、着色过程

步骤一：先画出整个空间的几种主要色来确定色调关系，着色时讲究用笔速度、走向、注意光感效果。

步骤二：逐步画出其他辅色、影部和暗部。

步骤三：调整全局，增加暗色、重色和中间色。在整个着色过程中注意光感效果。

图例四

一、透视底稿

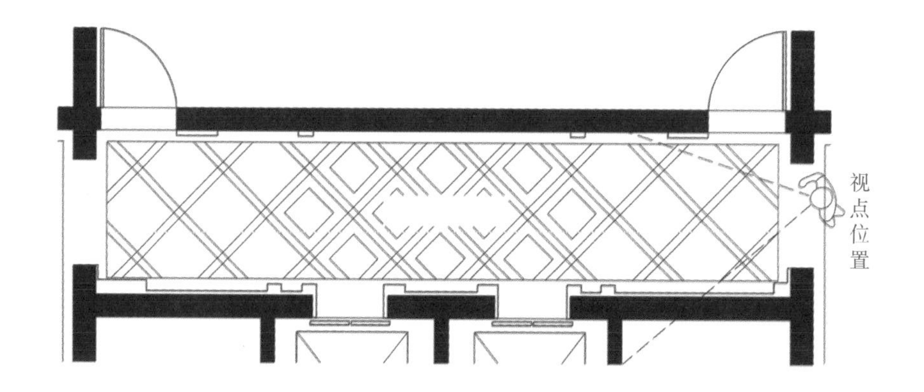

平面图

步骤一：选好视角，先用铅笔画（找）出透视轮廓的定位线。

步骤二：参照铅笔透视线画出结构的形体和主要轮廓线以及局部主要造型形体。

步骤三：完成图中所有物体的空间结构形体表现和透视关系。

步骤四：添加细节、材质质感、光影等修饰效果。

二、着色过程

步骤一：先找出空间的主色着色，着色时注意用笔力度、速度、走向和光感效果，避免平涂。

步骤二：逐步添加其他辅色、阴部、影部等细节，并注意色彩关系的协调。

步骤三：增加暗色、重色和中间色，增添刻画细节、色彩和调整全局色彩关系直至最后完成。

图例五

一、透视底稿

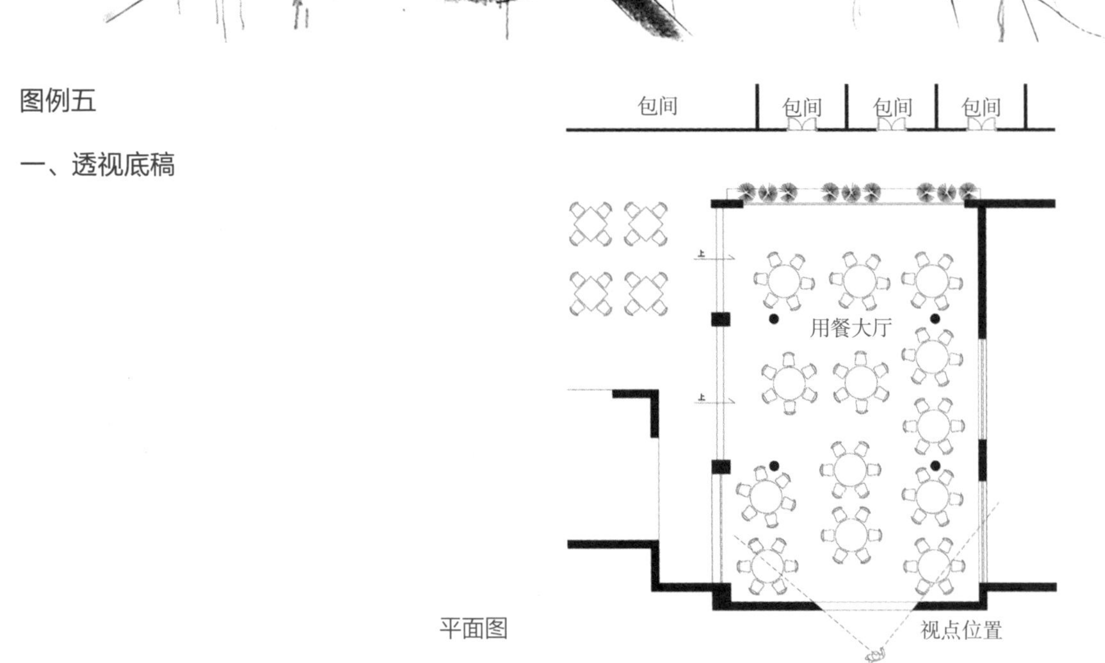

平面图

步骤一：选好视角，用铅笔画出透视轮廓。求空间结构的主透视线和物体定位线，忽略局部细节。

步骤二：参照铅笔透视线，直接画出空间的主要结构形体和局部的部分物体细节。

步骤三：完成其他部分的结构形体和细节。

步骤四：进一步调整，添添细节、质感、阴影等完成。

二、着色过程

步骤一：先画出整个空间的主色或重要色，来确定整个画面的色调，着色时注意用笔速度、走向和光感效果。

步骤二：画出其他辅色、影部、暗部和细节。

步骤三：调整全局，增加暗色、重色和中间色。在整个着色过程中注意整体和光感效果。

第六章　作品精选

会所局部休息空间：复印纸墨线底稿马克笔着色。着色要点解析：着色清淡、配色明快、注重色彩的光影变化。

休闲会客，复印纸墨线底稿，马克笔着色。

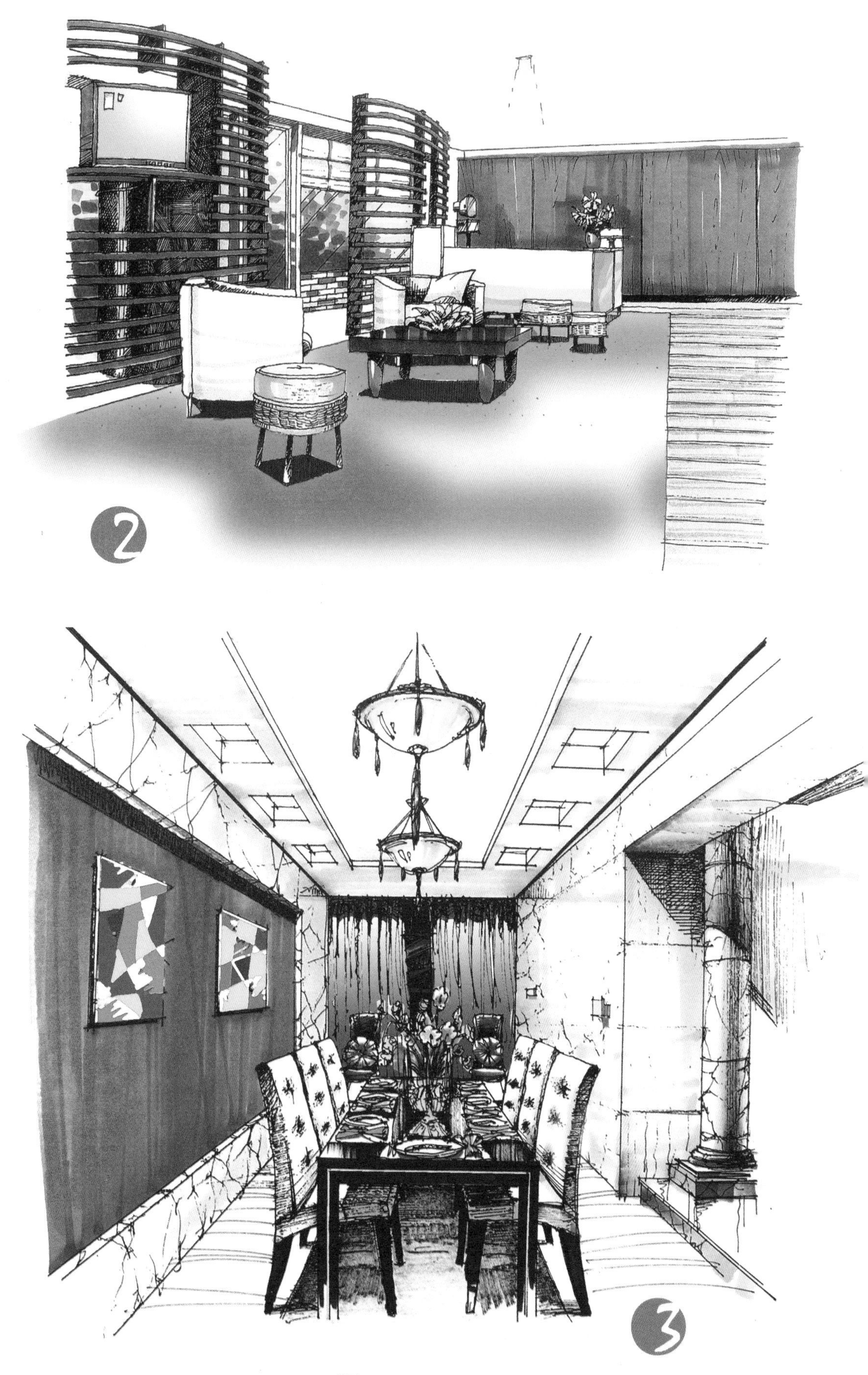

①家居起居休闲空间：复印纸墨线底稿马克笔着色。
着色要点解析：着色浓重、注重色彩固有色表现。

②公共空间：复印纸墨线底稿马克笔着色。
着色要点解析：着色注重对比表现，用深浅色拉开层次。

③建筑外观：复印纸墨线底稿马克笔着色。
着色要点解析：着重用衬托色来表现主题，如天空和室内。

2
内藏霓虹灯带
银都花园 置业
外墙灯
铝塑板
白色
石材踏步
门头外立面设计方案草图
门头平面图
3

家居起居空间：复印纸墨线底稿马克笔着色。着色要点解析：着色采用浓淡和深浅对比效果、注重空间结构清晰明朗。

家居起居空间：复印纸墨线底稿马克笔着色。着色要点解析：着色采用浓淡和深浅对比效果、注重空间结构清晰明朗。

酒店公共空间：复印纸墨线底稿马克笔着色。着色要点解析：着色采用浓淡和色相对比效果、注重色彩协调的表现。

餐厅走廊空间：复印纸墨线底稿马克笔着色。着色要点解析：通过色彩浓淡、渐变、光感效果来表现。

2003.5.25日.
卧室效果表现图 小宇.
1
家
2

①家居卧室空间：复印纸墨线底稿马克笔着色。
着色要点解析：着色深浅搭配和色相对比，表现对比和谐效果。

②家居书房空间：复印纸墨线底稿马克笔着色。
着色要点解析：用色和深浅主要通过了固有色对比表现。

③家居起居空间：复印纸墨线底稿马克笔着色。
着色要点解析：深浅色对比搭配，重点表现光感效果。

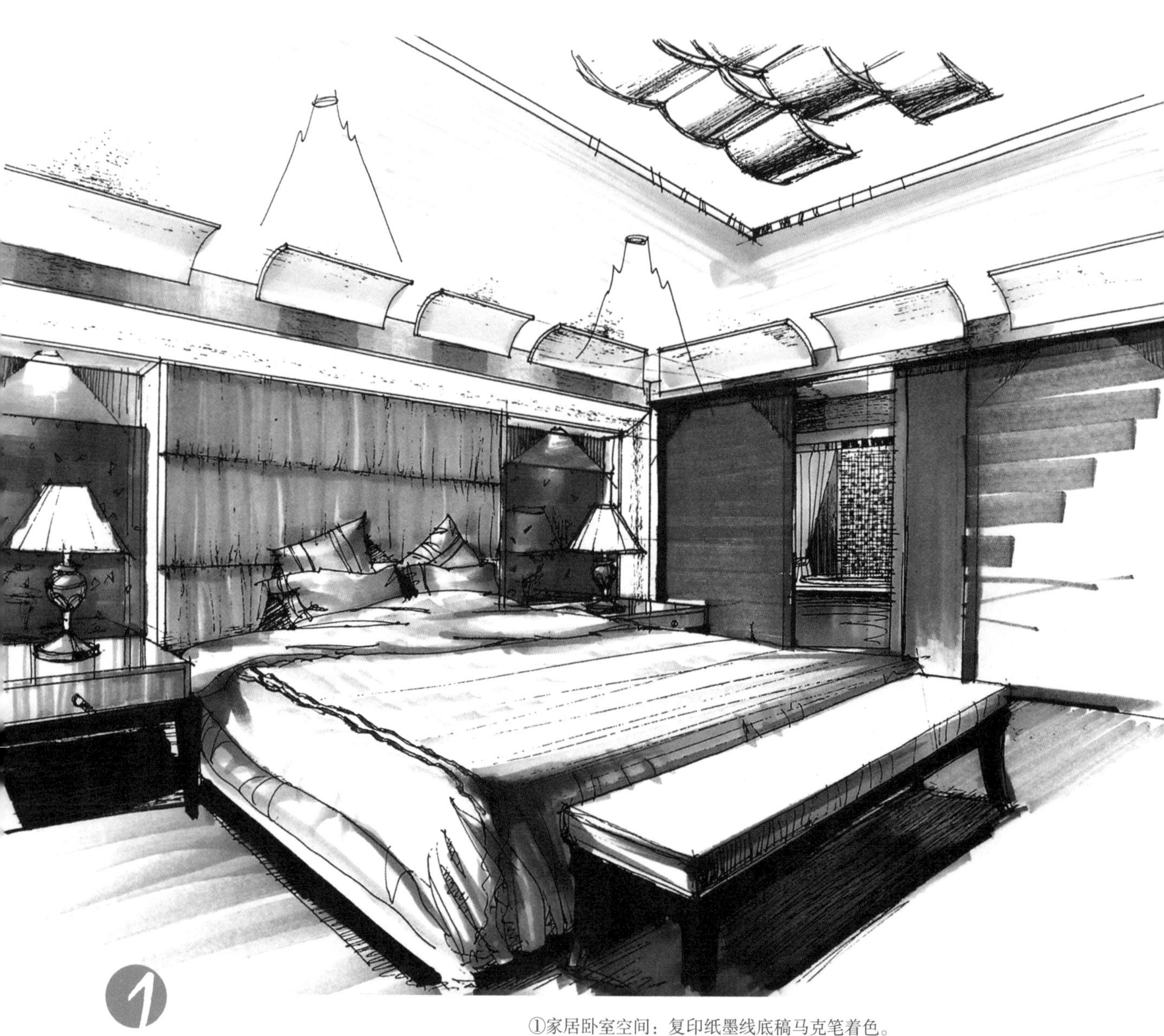

①家居卧室空间：复印纸墨线底稿马克笔着色。
着色要点解析：用色艳丽、配色简洁、注重色彩的光影和轻重变化。

②家居起居室空间：复印纸墨线底稿马克笔喷笔着色。
着色要点解析：着色清快明朗、和谐统一。

③家居休闲空间：复印纸墨线底稿马克笔着色。
着色要点解析：深浅色对比搭配，重点表现光感效果。

①办公室走廊空间：复印纸墨线底稿马克笔、彩色铅笔着色。
着色要点解析：重色表现光影投光效果，注重色彩搭配。

②娱乐餐吧空间：复印纸墨线底稿马克笔着色。
着色要点解析：通过固有色的变化表现，追求结构形体清晰。

③博物馆公共空间：复印纸墨线底稿马克笔、喷笔着色。
着色要点解析：用色简洁较少，所以重点利用光影和光感表现。

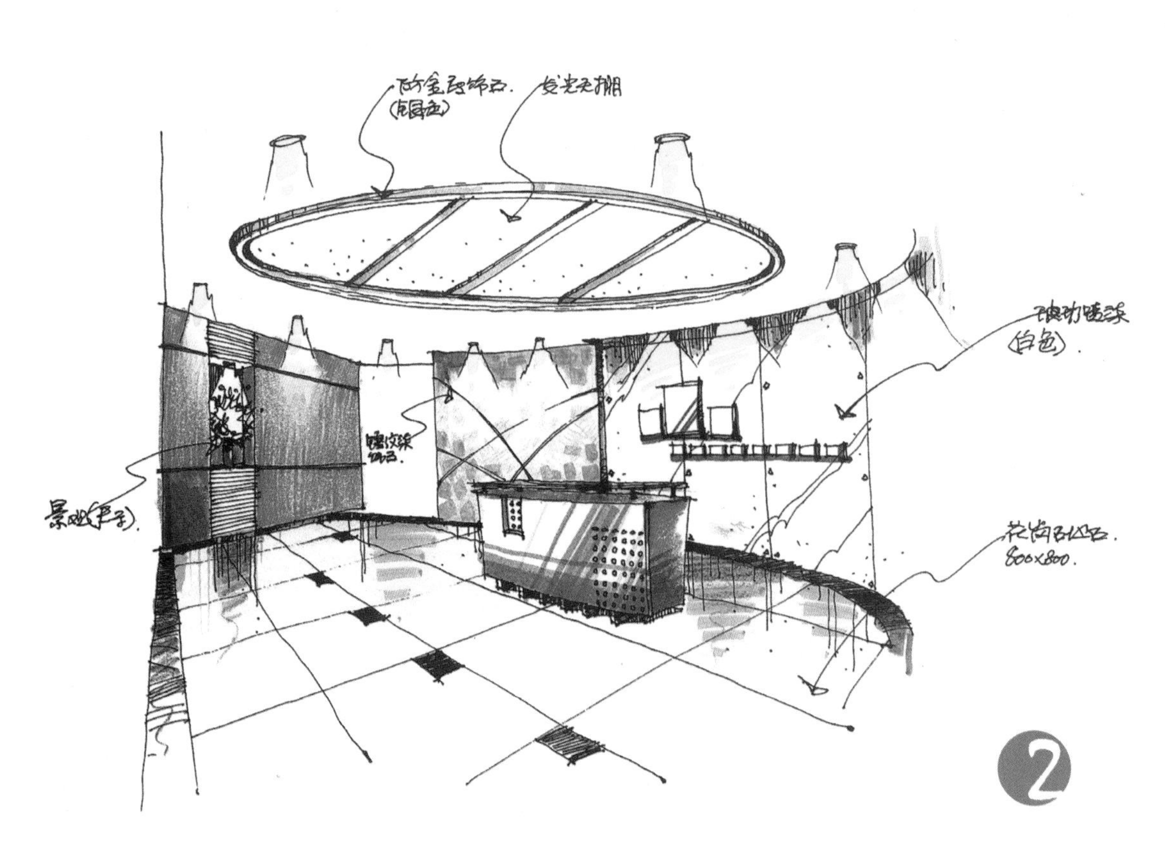
(白色).
800×800.

①会议室空间：复印纸墨线底稿马克笔着色。
着色要点解析：利用色相的对比与协调，注重色彩视觉冲击的表现。

②办公室前台空间：复印纸墨线底稿马克笔、彩色铅笔辅助着色。
着色要点解析：简洁、清淡着色，追求明快画面效果。

③家居内部空间：复印纸墨线底稿马克笔着色。
着色要点解析：用重色和淡色对比表现，用明暗光影表现来过渡衔接。

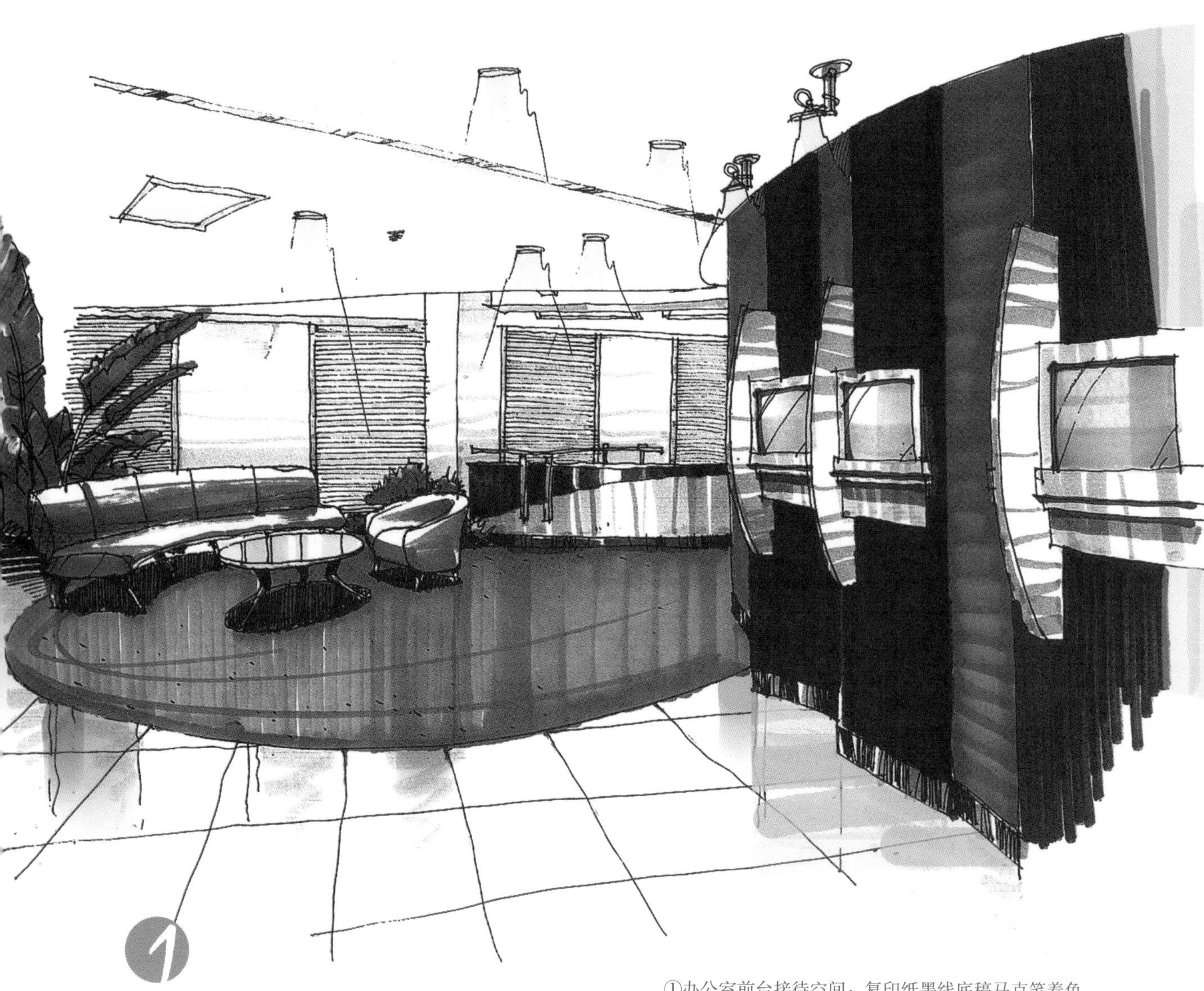

①办公室前台接待空间：复印纸墨线底稿马克笔着色。
着色要点解析：浓淡对比着色，注重色彩的材质表现。

②汽车展厅空间：复印纸墨线底稿马克笔着色。
着色要点解析：本色表现，配以环境色衬托。

③汽车展厅空间：复印纸墨线底稿马克笔着色。
着色要点解析：本色表现，追求简洁和明快。

KII-U0

①家居建筑与环境：复印纸墨线底稿马克笔着色。
着色要点解析：注重材质的质感表现和环境的对比与和谐。

②酒店餐厅空间：复印纸墨线底稿马克笔着色。
着色要点解析：注意用笔的变化和快感、层次的表现。

2

建筑与环境：复印纸墨线底稿马克笔着色、电脑后期处理天空效果。
着色要点解析：注重表现建筑和环境的对比与和谐，重点表现材质的质感与光影。

建筑与环境：复印纸墨线底稿马克笔着色、电脑后期处理天空效果。
着色要点解析：注重表现建筑和环境的对比与和谐，重点表现材质的质感与光影。

电梯厅空间：复印纸墨线底稿马克笔着色。
着色要点解析：注重材质纹理和光感表现，着色富有变化和层次，色相对比和谐与统一。